21 世纪中等职业教育特色精品课程规划教材

网 页 制 作

主　编　曾　娜
副主编　袁艳琴　赵　焉
参　编　杨巨恩　林胜福　韦鸿举
　　　　李杰阳　黄欢成
主　审　王琳忠

北京理工大学出版社
BEIJING INSTITUTE OF TECHNOLOGY PRESS

内 容 简 介

本书是根据企业典型工作任务进行编写的一体化工作页，选取了制作手机端网页、制作音乐网站两个从简单到复杂的网页设计项目作为本课程的学习任务，按照接受工作任务、知识储备、工作准备、网页制作、工作总结、成果展示与经验交流等环节进行编写。

本书适合中等职业学校计算机网络专业或平面设计专业实施一体化教学使用，也可以作为企业新入职员工的学习培训教材。

版权专有　侵权必究

图书在版编目（CIP）数据

网页制作/曾娜主编．—北京：北京理工大学出版社，2013.6
ISBN 978-7-5640-7845-4

Ⅰ.①网…　Ⅱ.①曾…　Ⅲ.①网页制作工具　Ⅳ.①TP393.092

中国版本图书馆 CIP 数据核字（2013）第 136683 号

出版发行 / 北京理工大学出版社有限责任公司
社　　址 / 北京市海淀区中关村南大街 5 号
邮　　编 / 100081
电　　话 / （010）68914775（总编室）
　　　　　 82562903（教材售后服务热线）
　　　　　 68948351（其他图书服务热线）
网　　址 / http：//www.bitpress.com.cn
经　　销 / 全国各地新华书店
印　　刷 / 北京通县华龙印刷厂
开　　本 / 710 毫米×1000 毫米　1/16
印　　张 / 9.5
字　　数 / 178 千字　　　　　　　　　　　　责任编辑 / 王玲玲
版　　次 / 2013 年 6 月第 1 版　2013 年 6 月第 1 次印刷　　责任校对 / 周瑞红
定　　价 / 38.00 元　　　　　　　　　　　　责任印制 / 边心超

图书出现印装质量问题，请拨打售后服务热线，本社负责调换

前言 Preface

随着我国职业教育的发展，各学校紧紧抓住"国家中等职业教育改革发展示范学校"建设的契机，在"校企合作、工学结合"理念的指导下，经过近两年的理性探索与大胆尝试，对人才培养目标和人才培养模式进行了改革。

"网页制作"是国家中等职业教育改革发展示范建设学校广西石化高级技工学校计算机专业课改小组成员深入企业调研后，由行业的典型工作任务转化而来的一门学习领域课程。采用德国、日本等职教先进国家的课程开发技术——以工作过程为导向的"典型工作任务分析法"和"实践专家访谈会"，通过整体化的职业资格研究，按照"从初学者到专家"的职业成长的逻辑规律，重新构建了学习领域模式的专业核心课程。

本书打破传统的基于知识点结构的课程体系，力求建立基于真实工作过程的全新教学理念。坚持以工作过程为导向，以能力为目标，以学生学习为主体，以素质为基础，以实际工作岗位的项目任务或社会产品为载体，在真实工作环境拟设工作任务。引入制作手机端网页、制作音乐网站两个从简单到复杂的综合静态网页制作项目作为本课程的学习任务，通过模拟真实的工作场景，让学生在工作页的引导下，通过查阅相关资料与信息，自主分阶段有计划地完成工作任务，按照接受工作任务、储备知识、工作准备、网页制作、工作总结、成果展示与经验交流等环节开展教学活动，在完成任务的过程中完成理论知识和职业综合能力的构建，使学生在完成工作任务的实践过程中获取专业技术能力、方法能力、社会能力等综合职业能力。

在培养学生岗位工作基本技能的基础上，培养学生能从任务目标设定、学习方法、团队合作和沟通表达等各方面，得到实际工作岗位所需要的学习能力、工作能力和创新思维能力。既注重培养学生具备相应的专业知识和技能，又注重培养学生学会做事。素质教育和专业教育紧密地结合，形成一个可操作、可训练、可检验、有成果的实施体系。

本书是在国家中等职业教育改革发展示范学校建设过程中编写的工学结合一体化课程工作页，由曾娜老师主编。在本书编写的过程中得到了北京艾迪教育科技有限公司（南宁分公司）、南京欣网视通信科技有限公司的技术人员的帮助，他们还提供了在工作过程中的一些实例，使这次的编写工作顺利完成。衷心感谢在此书编写和出版过程中给予我们支持与帮助的相关老师和企业人员。

本书适合中等职业学校计算机网络专业或平面设计专业实施工学结合一体化教学使用，也可以作为企业新入职员工的学习培训教材。由于信息与互联网技术发展迅速，编者水平有限，书中不足之处在所难免，请读者不吝指正。

编　者

目录 Contents

学习任务一　制作手机端网页 ··· 1

　　学习活动一　接受任务，储备知识 ··· 2
　　学习活动二　工作准备 ·· 71
　　学习活动三　制作校园勋章疯狂任务网页 ································ 75
　　学习活动四　制作星梦奇缘全城热恋活动网页 ··························· 83
　　学习活动五　制作星梦奇缘全城热恋活动网页总结、成果展示与
　　　　　　　　经验交流 ·· 89

学习任务二　制作音乐网站 ·· 91

　　学习活动一　接受任务，储备知识 ·· 92
　　学习活动二　工作准备 ··· 123
　　学习活动三　制作裤裤音乐网首页 ······································· 128
　　学习活动四　制作石化技校商城网站首页 ································ 140
　　学习活动五　制作石化技校商城网站首页总结、成果展示与
　　　　　　　　经验交流 ·· 143

学习任务一 制作手机端网页

学习目标

学习本任务后应具备以下综合能力：

1. 了解 HTML 语言，并能用 HTML 语言制作出简单的网页；

2. 了解 CSS 样式的概念，区分不同 CSS 选择器的结构，了解 CSS 的继承；

3. 认识 CSS 设置文字属性的方法，了解其主要的属性值，并能够使用这些属性设置网页的文字效果；

4. 认识 CSS 设置图片属性的方法，了解其主要的属性值，并能够使用这些属性设置网页图片效果；

5. 认识 CSS 设置背景属性的方法，了解其主要的属性值，并能够使用这些属性设置网页背景；

6. 认识 CSS 伪类别属性并能使用这些属性制作超链接；

7. 认识 CSS 控制表格及表单的方法，并能使用这些方法制作表格及表单；

8. 在老师的指导下能阅读简单的产品需求说明书，按要求制作出手机上的网页，了解手机上的网页的大小及制作的标准；

9. 能使用不同的浏览器测试网页并能解决浏览器兼容问题；

10. 在制作过程中出现问题时能与相关人员进行沟通，获取解决问题的方法和措施；

11. 能在工作过程保持工作场地、设备设施及工具的清洁、整齐，符合"6S"工作要求及企业的相关规定。

建议课时

100 学时

🔲 工作情境描述

苏州某公司与电信公司合作负责制作手机端的网页，该公司已开发出了掌上苏州网站，该网站为了吸引年轻人浏览，设计了一系列活动，如：校园勋章疯狂任务、星梦奇缘全城热恋活动，这些活动的方案已由设计部的工作人员设计出来，请你将这些方案制作成手机端的网页。

■ 学习活动一　接受任务，储备知识

学习目标：

1. 了解 HTML 语言，并能用 HTML 语言制作出简单的网页；

2. 了解 CSS 样式的概念，区分不同 CSS 选择器的结构，了解 CSS 的继承；

3. 认识 CSS 设置文字属性的方法，了解其主要的属性值，并能够使用这些属性设置网页的文字效果；

4. 认识 CSS 设置图片属性的方法，了解其主要的属性值，并能够使用这些属性设置网页图片效果；

5. 认识 CSS 设置背景属性的方法，了解其主要的属性值，并能够使用这些属性设置网页背景；

6. 认识 CSS 伪类别属性，并能使用这些属性制作超链接；

7. 认识 CSS 控制表格及表单的方法，并能使用这些方法制作表格及表单。

建议学时： 40 课时

学习地点： 一体化学习工作站

一、学习准备

1. 学习工具：电脑、投影仪。

2. 学习资料：互联网上的资源；《DIV + CSS 网页布局案例精粹》、《精通 CSS + DIV 网页样式与布局》等参考教材；网页制作方面的课件。

3. 分成学习小组。

二、学习过程

引导问题

上网查询或查找参考资料、书籍等完成下面的问题。

1. 什么是 HTML 语言？

2. 什么是 HTML 的标记？它们由哪两个部分组成？

3. 写出 HTML 文件结构。

4. 网页文件是如何命名的？

5. 观察下图的网页，说说是什么标记起了作用？

6. 使用记事本制作出如下的网页。

图 1

图 2

7. HTML 语言中的 <meta> 元素有什么作用？它有哪些属性？

8. 编写一个网页,要求 3 秒钟后自动跳转到百度网站。

9. 为什么要引入 CSS 样式表?对比以下两个例子说说它们有什么共同点和不同点。

【例 1】

```
<html>
<head>
    <title>页面标题</title>
    </head>
<body>
    <h2> <font color ="#0000FF" face ="黑体">CSS 标记 1 </font> </h2>
    <p>CSS 标记的正文内容 1 </p>
    <h2> <font color ="#0000FF" face ="黑体">CSS 标记 2 </font> </h2>
    <p>CSS 标记的正文内容 2 </p>
    <h2> <font color ="#0000FF" face ="黑体">CSS 标记 3 </font> </h2>
    <p>CSS 标记的正文内容 3 </p>
    <h2> <font color ="#0000FF" face ="黑体">CSS 标记 4 </font> </h2>
```

```
<p>CSS 标记的正文内容 4 </p>
</body>
</html>
```

【例 2】

```
<html>
<head>
<title>页面标题 </title>
<style>
<!--
h2{
    font-family:幼圆;
    color:red;
}
-->
</style>
        </head>
<body>
    <h2>CSS 标记 1 </h2>
    <p>CSS 标记的正文内容 1 </p>
    <h2>CSS 标记 2 </h2>
    <p>CSS 标记的正文内容 2 </p>
    <h2>CSS 标记 3 </h2>
    <p>CSS 标记的正文内容 3 </p>
    <h2>CSS 标记 4 </h2>
    <p>CSS 标记的正文内容 4 </p>
</body>
</html>
```

10. 什么是 CSS 选择器？常用的选择器有哪些？

11. 如何使用 Dreamweaver 来编辑 CSS？

12. 对于 CSS 代码，默认情况下，语法用（　　　　）进行语法着色，而 HTML 代码中的标记是（　　）色，正文内容在默认情况下是（　　　）色。在编写具体的 CSS 代码时，按（　　　）键或（　　　　）键都可以触发语法提示。

13. 观察下面的代码，说说每一行代码表示什么。
```
<style>
h1{
color:red;
font-size:25px;
}
</style>
```

14. 观察下图，在括号内填写出标记选择器的组成元素。

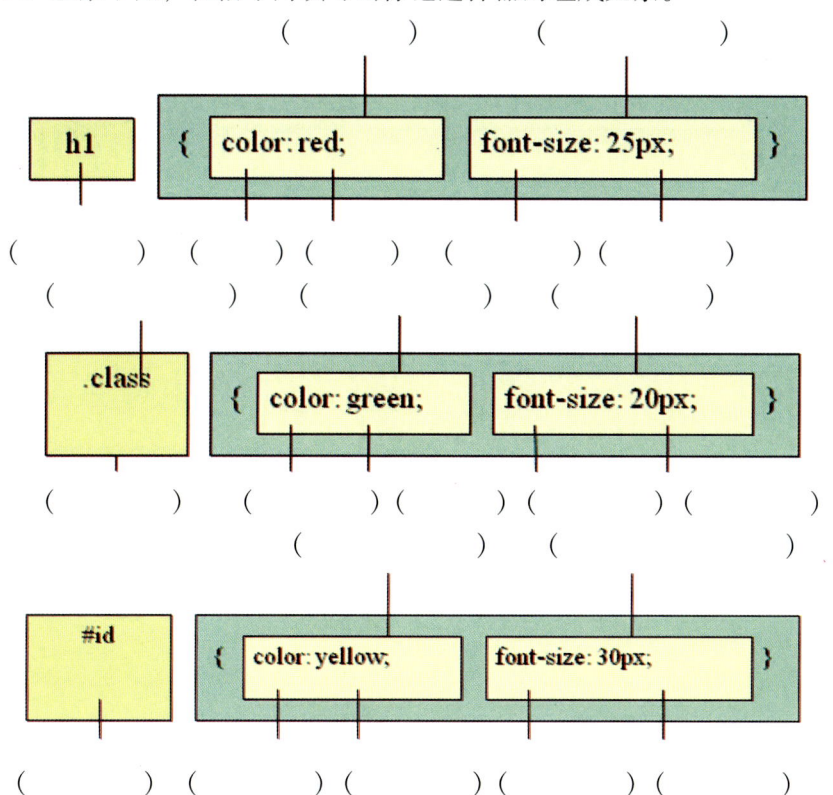

　　　　　　　　（　　　　）　　　　（　　　　　　）

| h1 | { color: red; | font-size: 25px; | } |

（　　）（　　）（　　）（　　　）（　　　）
　　　（　　　）　（　　）

| .class | { color: green; | font-size: 20px; | } |

（　　）（　　）（　　）（　　　）（　　　）
　　　（　　　）　（　　）

| #id | { color: yellow; | font-size: 30px; | } |

（　　）（　　　）（　　）（　　　）（　　　）

15. 观察下面两个实例，并将该网页效果图显示出来，这些例子说明了什么？

【例3】

```html
<html>
<head>
<title>class 选择器</title>
<style type="text/css">
<!--
.one{
    color:red;           /*红色*/
    font-size:18px;      /*文字大小*/
}
.two {
    color:green;         /*绿色*/
    font-size:20px;      /*文字大小*/
}
.three {
    color:cyan;          /*青色*/
    font-size:22px;      /*文字大小*/
}
-->
</style>
</head>
<body>
    <p class="one">class 选择器1</p>
    <p class="two">class 选择器2</p>
    <p class="three">class 选择器3</p>
    <h3 class="two">h3 同样适用</h3>
</body>
</html>
```

该例子说明了：

【例4】

```
<html>
<head>
<title>ID 选择器</title>
<style type="text/css">
<!--
#one {
    font-weight:bold;        /*粗体*/
}
#two {
    font-size:30px;          /*字体大小*/
    color:#009900;           /*颜色*/
}
-->
</style>
    </head>

<body>
    <p id="one">ID 选择器1</p>
    <p id="two">ID 选择器2</p>
    <p id="two">ID 选择器3</p>
    <p id="one two">ID 选择器3</p>
</body>
</html>
```

该例说明了：

16. 选择器是如何进行集体声明，全局声明的？这些声明有什么作用？将下列的实例在网页中显示出来。

【例5】

```html
<html>
<head>
<title>集体声明</title>
<style type="text/css">
<!--
h1, h2, h3, h4, h5, p{          /*集体声明*/
    color:purple;               /*文字颜色*/
    font-size:15px;             /*字体大小*/
}
h2.special, .special, #one{     /*集体声明*/
    text-decoration:underline;  /*下划线*/
}
-->
</style>
</head>

<body>
    <h1>集体声明 h1 </h1>
    <h2 class="special">集体声明 h2 </h2>
    <h3>集体声明 h3 </h3>
    <h4>集体声明 h4 </h4>
    <h5>集体声明 h5 </h5>
    <p>集体声明 p1 </p>
    <p class="special">集体声明 p2 </p>
    <p id="one">集体声明 p3 </p>
</body>
</html>
```

集体声明的作用：

【例6】

```
<html>
<head>
<title>全局声明</title>
<style type="text/css">
<!--
* {                          /*全局声明*/
    color: purple;           /*文字颜色*/
    font-size:15px;          /*字体大小*/
}
h2.special, .special, #one{  /*集体声明*/
    text-decoration:underline;  /*下划线*/
}
-->
</style>
    </head>
<body>
    <h1>全局声明 h1 </h1>
    <h2 class="special">全局声明 h2 </h2>
    <h3>全局声明 h3 </h3>
    <h4>全局声明 h4 </h4>
    <h5>全局声明 h5 </h5>
    <p>全局声明 p1 </p>
    <p class="special">全局声明 p2 </p>
    <p id="one">全局声明 p3 </p>
</body>
</html>
```

全局声明作用：

17. 选择器是如何进行嵌套的？下面的例子说明了什么？

【例7】

```
<html>
<head>
<title>CSS 选择器的嵌套声明</title>
<style type="text/css">
<!--
p b{        /*嵌套声明*/
    color:maroon;                    /*颜色*/
    text-decoration:underline;  /*下划线*/
}
-->
</style>
    </head>

<body>
    <p>嵌套使<b>用 CSS </b>标记的方法</p>
    嵌套之外的<b>标记</b>不生效
</body>
</html>
```

该例子说明了：

小贴士

嵌套选择器的使用非常广泛，不只是嵌套的标记本身，类别选择器都可以进行嵌套。下面是一些典型的嵌套语句：

```
.special i{color:red}    /*使用了属性 special 的标记里面包
                           含的<i>*/
```

```
#one li{padding-left:5px}    /*ID 为 one 的标记里面包含的
                               <li>*/
td.top.top1 strong{ font-size:16px;}
```

18. 如何理解 CSS 的继承？写出下面例子各个标签的父子关系图。

【例 8】

```
<html>
<head>
    <title>父子关系</title>
    <base target="_blank">
<style>
<!--
h1{
    color:red;       /*颜色*/
    text-decoration:underline;    /*下划线*/
}
h1 em{                /*嵌套选择器*/
    color:#004400;    /*颜色*/
    font-size:40px;   /*字体大小*/
}
-->
</style>
    </head>

<body>
    <h1>祖国的首都<em>北京</em></h1>
    <p>欢迎来到祖国的首都<em>北京</em>,这里是全国<strong>政治、<a href="economic.html"><em>经济</em></a>、文化</strong>的中心</p>
    <ul>
        <li>在这里,你可以:
            <ul>
                <li>感受大自然的美丽</li>
```

```
            <li>体验生活的节奏</li>
            <li>领略首都的激情与活力</li>
        </ul>
    </li>
    <li>你还可以：
        <ol>
            <li>去八达岭爬长城</li>
            <li>去香山看红叶</li>
            <li>去王府井逛夜市</li>
        </ol>
    </li>
</ul>
<p>如果您有任何问题，欢迎<a href="contactus">联系我们</a></p>
</body>
</html>
```

父子关系图如下：

19. 常用的 CSS 文字样式的属性有哪些？

20. 写出下面文字样式属性的作用，并列举它们的属性值。

属性	作用	值
Font-family		
Font-size		
color		
Font-weight		
Text-decoration		

21. <span>标记有什么作用？

22. 观察下面几个实例，并将它们的网页效果图显示出来，这些例子说明了什么？

【例9】

```html
<html>
<head>
    <title>文字字体</title>
<style>
<!--
h2{
    font-family:黑体，幼圆；
}
p{
    font-family:Arial, Helvetica, sans-serif;
}
p.kaiti{
    font-family:楷体_GB2312, "Times New Roman";
}
-->
</style>
    </head>
<body>
    <h2>立春</h2>
    <p>自秦代以来，我国就一直以立春作为春季的开始。立春是从天文上来划分的，而在自然界、在人们的心目中，春是温暖，鸟语花香；春是生长，耕耘播种。在气候学中，春季是指候（5天为一候）平均气温10℃至22℃的时段。</p>
    <p class="kaiti">作者：isaac</p>
</body>
</html>
```

该例子用到了 CSS 样式的文字属性（　　　　）。
该例说明了：

【例 10】

```
<html>
<head>
    <title>文字大小</title>
<style>
<!--
p.inch{ font-size: 0.5in; }
p.cm{ font-size: 0.5cm; }
p.mm{ font-size: 4mm; }
p.pt{ font-size: 12pt; }
p.pc{ font-size: 2pc; }
-->
</style>
    </head>

<body>
    <p class="inch">文字大小,0.5in</p>
    <p class="cm">文字大小,0.5cm</p>
    <p class="mm">文字大小,4mm</p>
    <p class="pt">文字大小,12pt</p>
    <p class="pc">文字大小,2pc</p>
</body>
</html>
```

例 10 用到了 CSS 样式的文字属性（　　　　）。
写出上面例子中绝对单位的含义：

绝对单位	说明
in	
cm	
mm	
pt	
pc	

【例11】

```
<html>
<head>
    <title>文字大小_相对值</title>
<style>
<!--
p.one{
    font-size:15px;    /*像素,因此实际显示大小与分辨率有关,
                         很常用的单位*/
}
p.one span{
    font-size:200%;    /*在父标记的基础上×200% */
}
p.two{
    font-size:30px;
}
p.two span{
    font-size:0.5em;/*在父标记的基础上×0.5*/
}
-->
</style>
    </head>

<body>
    <p class="one">文字大小<span>相对值</span>,15px。
</p>
```

```
<p class = "two">文字大小<span>相对值</span>,
30px。</p>
</body>
</html>
```

上面例子中单位 px 表示：（   ），采用"%"或者"em"都是相对（   ），如果没有设定（   ）字体的大小，浏览器的默认值（1em = 16px）。

【例 12】

```
<html>
<head>
    <title>文字颜色</title>
<style>
<!--
h2{ color:rgb(0%,0%,80%); }
p{
  color:#333333;
  font-size:13px;
}
p span{ color:blue; }
-->
</style>
    </head>

<body>
    <h2>冬至的由来</h2>
    <p><span>冬至</span>过节源于汉代，盛于唐宋，相沿至今。《清嘉录》甚至有"<span>冬至</span>大如年"之说。这表明古人对<span>冬至</span>十分重视。人们认为<span>冬至</span>是阴阳二气的自然转化，是上天赐予的福气。汉朝以<span>冬至</span>为"冬节"，官府要举行祝贺仪式，称为"贺冬"，例行放假。《后汉书》中有这样的记载："<span>冬至</span>前后，君子安身静体，百官绝事，不听政，择吉辰而后省事。"所以这天朝廷上下要放假休息，军队待命，边塞闭关，商旅停业，
```

```
亲朋各以美食相赠，相互拜访，欢乐地过一个"安身静体"的节日。
</p>
    <p>唐、宋时期，<span>冬至</span>是祭天祭祖的日子，皇帝
在这天要到郊外举行祭天大典，百姓在这一天要向父母尊长祭拜，现在仍
有一些地方在<span>冬至</span>这天过节庆贺。</p>
</body>
</html>
```

例12用到了CSS样式文字属性（　　　　）、（　　　　　　　），<span>标记的作用是（　　　　　　　　　　　　　　）。

Color属性设置，采用的方法有哪些？

【例13】

```
<html>
<head>
    <title>文字下划线、顶划线、删除线</title>
<style>
<!--
p.one{ text-decoration:underline; }       /*下划线*/
p.two{ text-decoration:overline; }        /*顶划线*/
p.three{ text-decoration:line-through;}   /*删除线*/
p.four{ text-decoration:blink; }          /*闪烁*/
-->
</style>
    </head>

<body>
    <p class="one">下划线文字,下划线文字</p>
```

```
        <p class="two">顶划线文字,顶划线文字</p>
        <p class="three">删除线文字,删除线文字</p>
        <p class="four">文字闪烁</p>
        <p>正常文字对比</p>
</body>
</html>
```

该例使用了 CSS 样式中的（　　　　　　　　）属性，该属性常用的值有（　　　　　　）、（　　　　　　）、（　　　　　　）。

23. 利用所学的知识制作出 google 公司的 logo，效果如下：

【例 14】

```
<html>
<head>
    <title>Google</title>
<style>
<!--
p{
```

```
        font-size:80px;
        letter-spacing:-2px;      /*字母间距*/
        font-family:Arial, Helvetica, sans-serif;
}
.g1,.g2{ color:#184dc6; }
.o1,.e{ color:#c61800; }
.o2{ color:#efba00; }
.l{ color:#42c34a; }
-->
</style>
    </head>

<body>
    <p>< span class ="g1">G </span>< span class ="o1"> o </span>< span class ="o2"> o </span>< span class ="g2"> g </span>< span class ="l"> l </span>< span class ="e">e </span></p>
</body>
</html>
```

24. CSS 段落样式有哪些属性？它们有什么作用？具体的属性值有哪些？

属性	作用	值

25. 观察下面几个实例，并将它们的网页效果图显示出来，这些例子说明了什么？

【例15】

```
<html>
<head>
    <title>水平对齐</title>
<style>
<!--
p{ font-size:12px; }
p.left{ text-align:left; }        /*左对齐*/
p.right{ text-align:right; }      /*右对齐*/
p.center{ text-align:center; }    /*居中对齐*/
p.justify{ text-align:justify; }  /*两端对齐*/
-->
</style>
    </head>
<body>
    <p class="left">
    这个段落采用左对齐的方式，text-align: left，因此文字都采用左对齐。<br>
    床前明月光，疑是地上霜。<br>举头望明月，低头思故乡。<br>李白
    </p>
    <p class="right">
    这个段落采用右对齐的方式，text-align: right，因此文字都采用右对齐。<br>
    床前明月光，疑是地上霜。<br>举头望明月，低头思故乡。<br>李白
    </p>
    <p class="center">
    这个段落采用居中对齐的方式，text-align: center，因此文字都采用居中对齐。<br>
    床前明月光，疑是地上霜。<br>举头望明月，低头思故乡。<br>李白
    </p>
    <p class="justify">
```

```
        这个段落采用左对齐的方式，text-align: justify，因此文
字都采用左对齐。<br>
        床前明月光，疑是地上霜。举头望明月，低头思故乡。<br>李白
    </p>
</body>
</html>
```

例 15 使用了 CSS 样式中的（　　　　　　　　）属性，该属性常用的值有（　　　　　　　　　　　　　　　）。

【例 16】

```
<html>
<head>
<title>行间距</title>
<style>
<!--
p.one{
    font-size:10pt;
    line-height:8pt;    /*行间距,绝对数值,行间距小于字体大小*/
}
p.second{ font-size:18px; }
p.third{ font-size:10px; }
p.second, p.third{
    line-height: 1.5em;    /*行间距,相对数值*/
}
-->
</style>
    </head>
<body>
    <p class = " one" >秋分，我国古籍《春秋繁露·阴阳出入上下篇》中说："秋分者，阴阳相半也，故昼夜均而寒暑平。""秋分"的意思有二：一是太阳在这时到达黄径 180 度。一天 24 小时昼夜均分，各 12 小时；二是按我国古代以立春、立夏、立秋、立冬为四季开始的季
```

节划分法,秋分日居秋季90天之中,平分了秋季。</p>
    <p class=" second" >秋分时节,我国长江流域及其以北的广大地区,均先后进入了秋季,日平均气温都降到了22℃以下。北方冷气团开始具有一定的势力,大部分地区雨季刚刚结束,凉风习习,碧空万里,风和日丽,秋高气爽,丹桂飘香,蟹肥菊黄,秋分是美好宜人的时节。</p>
    <p class=" third" >秋季降温快的特点,使得秋收、秋耕、秋种的"三秋"大忙显得格外紧张。秋分棉花吐絮,烟叶也由绿变黄,正是收获的大好时机。华北地区已开始播种冬麦,长江流域及南部广大地区正忙着晚稻的收割,抢晴耕翻土地,准备油菜播种。</p>
    </body>
</html>

例16 使用了 CSS 样式中的（　　　　　　　　）属性,该属性常用的值有（　　　　　　　　　　　　　　　　）。

【例17】

```
<html>
<head>
<title>字间距</title>
<style>
<!--
p.one{
    font-size:10pt;
    letter-spacing:-2pt;    /*字间距,绝对数值,负数*/
}
p.second{ font-size:18px; }
p.third{ font-size:11px; }
p.second, p.third{
    letter-spacing: .5em;    /*字间距,相对数值*/
}
-->
</style>
    </head>
```

```
<body>
    <p class="one">文字间距1,负数</p>
    <p class="second">文字间距2,相对数值</p>
    <p class="third">文字间距3,相对数值</p>
</body>
</html>
```

例17 使用了 CSS 样式中的（　　　　　　）属性,该属性常用的值有（　　　　　　　　　）。

【例18】

```
<html>
<head>
<title>首字放大</title>
<style>
<!--
body{
    background-color:black;      /*背景色*/
}
p{
    font-size:15px;              /*文字大小*/
    color:white;                 /*文字颜色*/
}
p span{
    font-size:60px;              /*首字大小*/
    float:left;                  /*首字下沉*/
    padding-right:5px;           /*与右边的间隔*/
    font-weight:bold;            /*粗体字*/
    font-family:黑体;            /*黑体字*/
    color:yellow;                /*字体颜色*/
}
/*
p:first-letter{
    font-size:60px;
    float:left;
```

```
    padding-right:5px;
    font-weight:bold;
    font-family:黑体;
    color:yellow;
}
p:first-line{
    text-decoration:underline;
}*/
-->
</style>
  </head>
<body>
    <p> <span> 中 </span>秋节是远古天象崇拜——敬月习俗的
遗痕。据《周礼·春官》记载，周代已有"中秋夜迎寒"、"中秋献良
裘"、"秋分夕月（拜月）"的活动；汉代，又在中秋或立秋之日敬老、养
老，赐以雄粗饼。晋时亦有中秋赏月之举，不过不太普遍；直到唐代将
中秋与嫦娥奔月、吴刚伐桂、玉兔捣药、杨贵妃变月神、唐明皇游月宫
等神话故事结合起来，使之充满浪漫色彩，玩月之风方才大兴。</p>
    <p>北宋，正式定八月十五为中秋节，并出现"小饼如嚼月，中
有酥和饴"的节令食品。孟元老《东京梦华录》说："中秋夜，贵家结
饰台榭，民间争占酒楼玩月"，而且"弦重鼎沸，近内延居民，深夜逢
闻笙竽之声，宛如云外。闾里儿童，连宵嬉戏；夜市骈阗，至于通晓"。
吴自牧《梦梁录》说："此际金风荐爽，玉露生凉，丹桂香飘，银蟾光
满。王孙公子，富家巨室，莫不登危楼，临轩玩月，或开广榭，玳筵罗
列，琴瑟铿锵，酌酒高歌，以卜竟夕之欢。"</p>
</body>
</html>
```

例18 使用了 CSS 样式中的（　　　　　　　　　　　　　）属性，其中首字下沉是通过（　　　　　　　）属性来控制的，而 <span> 标记的作用是（　　　　　　　　　　　　　）。

26. CSS 设置图片基本属性的方法有哪些？它们有什么作用？具体的属性值有哪些？

属性	作用	值

27. 观察下面的网页并使用图片的一些属性，实现网页效果图。

该例使用了图片的（　　　　　　　　　　）属性，它们的作用是（　　　　　　　　　　　　　　　　）。

小贴士

【例19】

```
<html>
<head>
<title> </title>
</head>
<body>
```

```
<img src="boluo.jpg" border="0">
<img src="boluo.jpg" border="1">
<img src="boluo.jpg" border="2">
<img src="boluo.jpg" border="3">
</body>
</html>
```

28. 观察下面的网页并使用图片的一些属性，实现网页效果图。

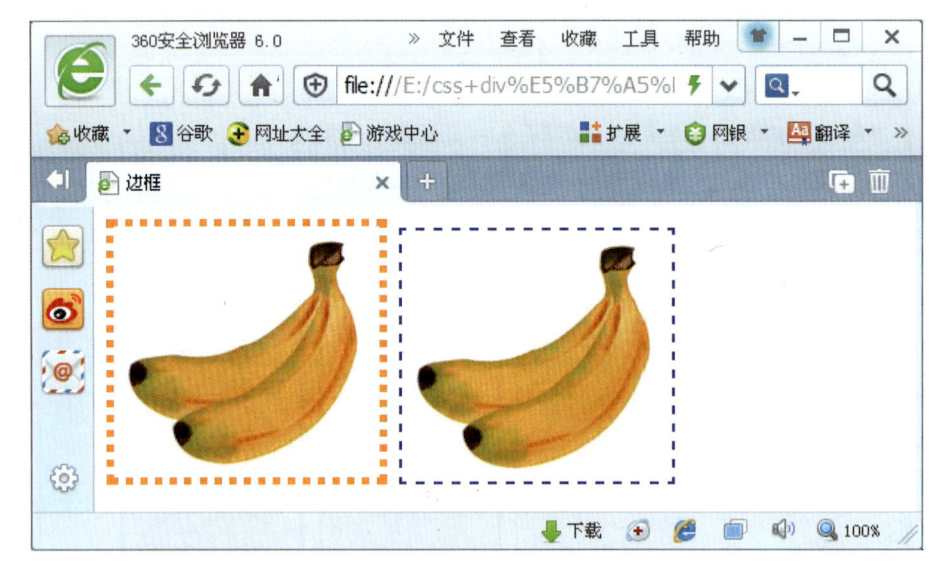

该例使用了图片的（　　　　　　　　　　　　　　）属性，它们的作用是（　　　　　　　　　　　　　　　　　　　　　）。

小贴士

【例20】

```
<html>
<head>
<title>边框</title>
<style>
<!--
img.test1{
    border-style:dotted;        /*点画线*/
```

```
        border-color:#FF9900;       /*边框颜色*/
        border-width:5px;           /*边框粗细*/
}
img.test2{
        border-style:dashed;        /*虚线*/
        border-color:blue;          /*边框颜色*/
        border-width:2px;           /*边框粗细*/
}
-->
</style>
    </head>
<body>
    <img src="banana.jpg" class="test1">
    <img src="banana.jpg" class="test2">
</body>
</html>
```

29. 观察下面的网页并使用图片的一些属性，实现网页效果图。

该例使用了图片的（　　　　　　　　　　　）属性，它们的作用是（　　　　　　　　　　　　　　　　　　　　　）。

> **小贴士**

【例 21】

```
<html>
<head>
<title>分别设置4边框</title>
<style>
<!--
img{
    border-left-style:dotted;        /*左点画线*/
    border-left-color:#FF9900;       /*左边框颜色*/
    border-left-width:5px;           /*左边框粗细*/
    border-right-style:dashed;
    border-right-color:#33CC33;
    border-right-width:2px;
    border-top-style:solid;          /*上实线*/
    border-top-color:#CC00FF;        /*上边框颜色*/
    border-top-width:10px;           /*上边框粗细*/
    border-bottom-style:groove;
    border-bottom-color:#666666;
    border-bottom-width:15px;
}
-->
</style>
  </head>
<body>
   <img src="grape.jpg">
</body>
</html>
```

30. 观察下面的网页并使用图片的一些属性，实现网页效果图。

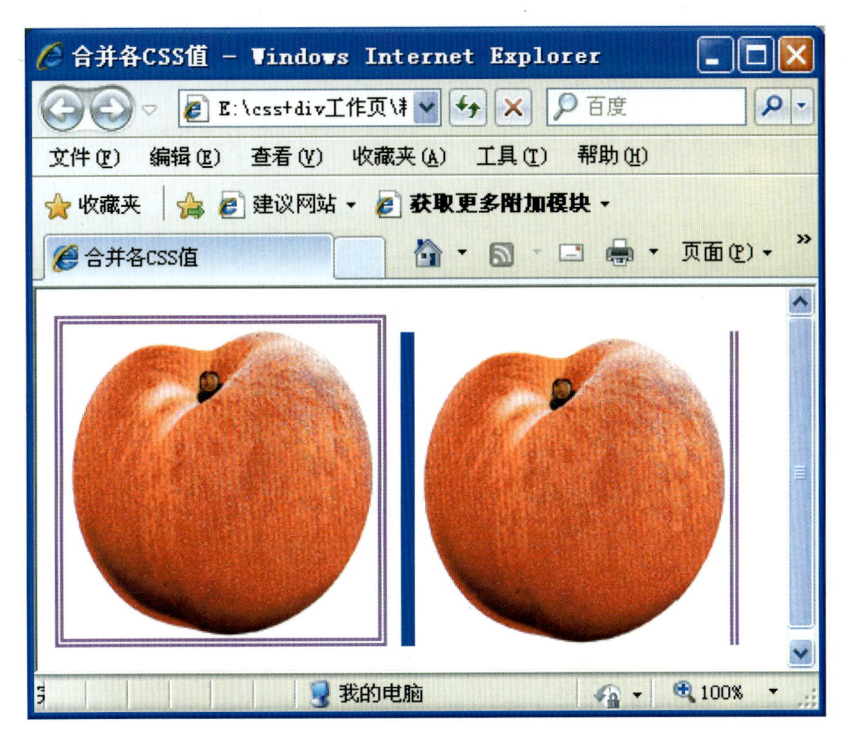

该例使用了图片的（　　　　　　　　　　）属性，它们有
的作用是（　　　　　　　　　　　　　　　　　）。
　　如何将属性值写到一起？它们有什么规律？

小贴士

【例22】

```
<html>
<head>
<title>合并各CSS值</title>
<style>
<!--
img.test1{
```

```
        border:5px double #FF00FF;              /*将各个值合并*/
}
img.test2{
        border-right:5px double #FF00FF;
        border-left:8px solid #0033FF;
}
-->
</style>
    </head>
<body>
    <img src="peach.jpg" class="test1">
    <img src="peach.jpg" class="test2">
</body>
</html>
```

31. 观察下面的网页并使用图片的一些属性，实现网页效果图。

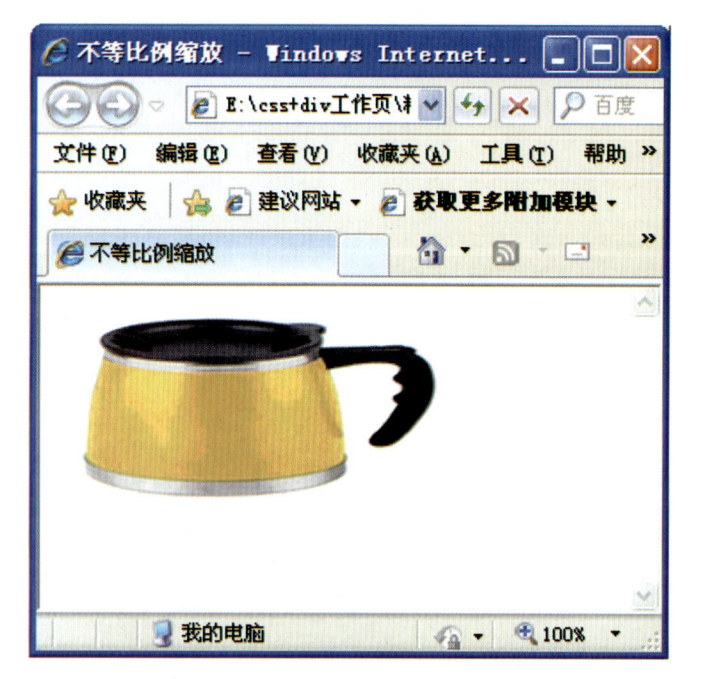

该例使用了图片的（   ）属性，它们的作用是（   ）。

小贴士

【例23】

```
<html>
<head>
<title>不等比例缩放</title>
<style>
<!--
img.test1{
    width:70% ;         /*相对宽度*/
    height:110px;       /*绝对高度*/
}
-->
</style>
  </head>
<body>
    < img src ="cup.jpg" class ="test1">
</body>
</html>
```

32. 观察下面的网页并用代码来实现，说说 CSS 样式是通过给图片设计什么样的属性来实现文字环绕的。

该实例是用 CSS 样式的（　　　　　　　　）属性，它的属性值有（　　　　　　　　）。

> **小贴士**
>
> 设置图片与文字间距，只需给 img 标记添加 margin 属性即可，如下所示：
> ```
> img{
> float:left;              /*文字环绕图片*/
> margin-right : 50px;     /*右侧距离*/
> margin-bottom:25px;      /*下端距离*/
> }
> ```

【例 24】

```
<html>
<head>
<title>图文混排</title>
<style type = "text/css">
<!--
body{
    background-color:bb0102;     /*页面背景颜色*/
    margin:0px;
    padding:0px;
}
img{
    float:left;                  /*文字环绕图片*/
    /*margin-right:50px;         /*右侧距离*/
    /*margin-bottom:25px;        /*下端距离*/
}
p{
    color:#FFFF00;               /*文字颜色*/
    margin:0px;
    padding-top:10px;
    padding-left:5px;
    padding-right:5px;
}
span{
```

```
           float:left;                   /*首字放大*/
           font-size:85px;
           font-family:黑体;
           margin:0px;
           padding-right:5px;
    }
    -->
  </style>
    </head>
<body>
      <img src="chunjie.jpg" border="0">
      <p><span>春</span>节古时叫"元旦"。"元"者始也,"旦"者晨也,"元旦"即一年的第一个早晨。《尔雅》,对"年"的注解是:"夏曰岁,商曰祀,周曰年。"自殷商起,把月圆缺一次为一月,初一为朔,十五为望。每年的开始从正月朔日子夜算起,叫"元旦"或"元日"。到了汉武帝时,由于"观象授时"的经验越来越丰富,司马迁创造了《太初历》,确定了正月为岁首,正月初一为新年。此后,农历年的习俗就一直流传下来。</p>
      <p>据《诗经》记载,每到农历新年,农民喝"春酒",祝"改岁",尽情欢乐,庆祝一年的丰收。到了晋朝,还增添了放爆竹的节目,即燃起堆堆烈火,将竹子放在火里烧,发出噼噼啪啪的爆竹声,使节日气氛更浓。到了清朝,放爆竹,张灯结彩,送旧迎新的活动更加热闹了。清代潘荣升《帝京岁时记胜》中记载:"除夕之次,夜子初交,门外宝炬争辉,玉珂竞响。……闻爆竹声如击浪轰雷,遍于朝野,彻夜无停。"</p>
      <p>在我国古代的不同历史时期,春节,有着不同的含义。在汉代,人们把二十四节气中的"立春"这一天定为春节。南北朝时,人们则将整个春季称为春节。1911年,辛亥革命推翻了清朝统治,为了"行夏历,所以顺农时,从西历,所以便统计",各省都督府代表在南京召开会议,决定使用公历。这样就把农历正月初一定为春节。至今,人们仍沿用春节这一习惯称呼。</p>
</body>
</html>
```

33. 观察下面的网页并用代码来实现，说说 CSS 样式是如何设置背景颜色和文字颜色的。

该例中网页的背景颜色是通过（　　　　　）属性实现的，而字体的颜色则是通过（　　　　　）属性实现的。

小贴士

【例 25】

```
<html>
<head>
<title>背景颜色</title>
<style>
<!--
body{
  background-color:#5b8a00;      /*设置页面背景颜色*/
  margin:0px;
  padding:0px;
  color:#c4f762;                 /*设置页面文字颜色*/
}
p{
```

```
        font-size:15px;          /*正文文字大小*/
        padding-left:10px;
        padding-top:8px;
        line-height:120% ;
    }
    span{                        /*首字放大*/
        font-size:80px;
        font-family:黑体;
        float:left;
        padding-right:5px;
        padding-left:10px;
        padding-top:8px;
    }
    -->
    </style>
      </head>
<body>
    <img src="mainroad.jpg" style="float:right;">
    <span>春</span>
    <p>季，地球的北半球开始倾向太阳，受到越来越多的太阳光直射，因而气温开始升高。随着冰雪消融，河流水位上涨。春季植物开始发芽生长，许多鲜花开放。冬眠的动物苏醒，许多以卵过冬的动物孵化，鸟类开始迁徙，离开越冬地向繁殖地进发。许多动物在这段时间里发情，因此中国也将春季称为"万物复苏"的季节。春季气温和生物界的变化对人的心理和生理也有影响。</p>
    </body>
    </html>
```

34. 观察下面的网页并用代码来实现，说说 CSS 样式是如何给页面添加背景图的。

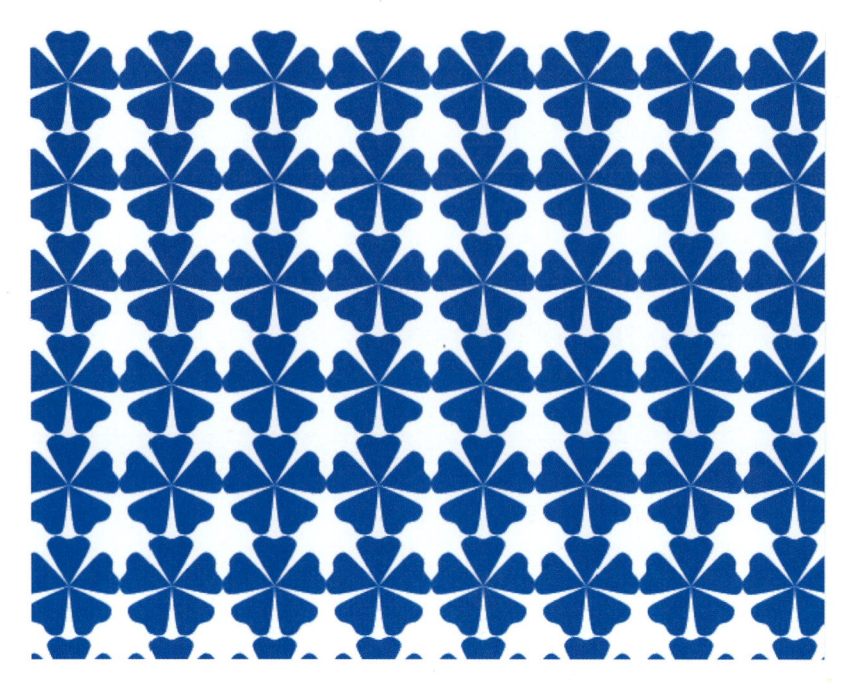

给页面的 body 标记添加（   ），那么页面所有的地方，都会以该图片作为背景。

【例26】

```
<html>
<head>
<title>背景图片</title>
<style>
<!--
body{
  background-image:url(03.jpg);    /*页面背景图片*/
}
-->
</style>
      </head>
<body>
</body>
</html>
```

35. 观察下面的网页并用代码来实现，说说 CSS 样式是如何实现背景图片、背景颜色的。

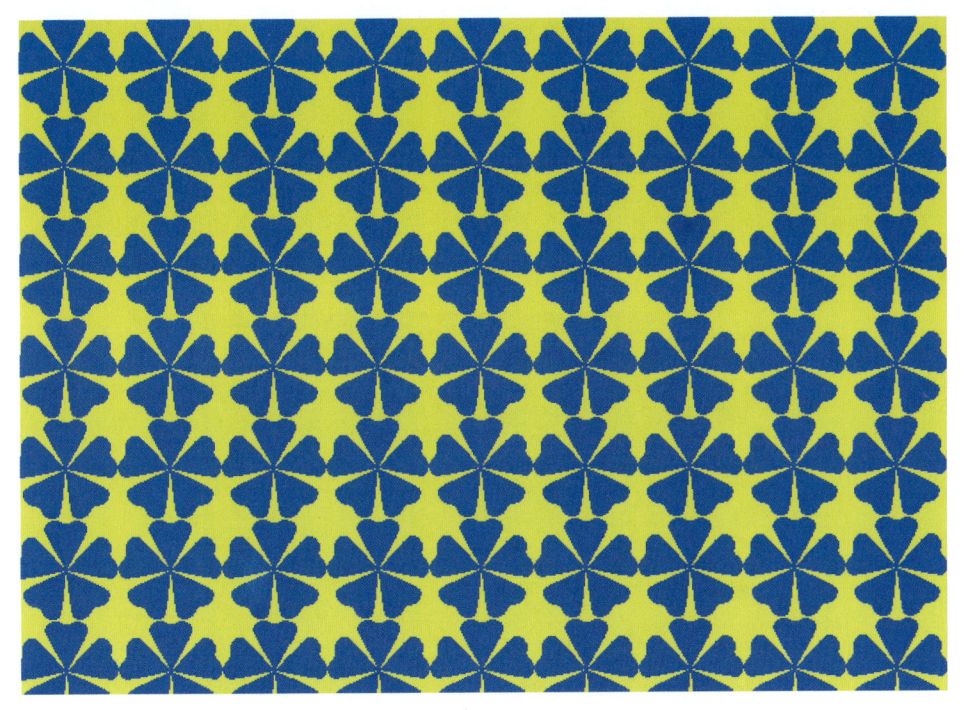

设置页面的背景图片可用（　　　　　　）属性，设置图片的背景颜色可用（　　　　　　）属性。

小贴士

【例27】

```
<html>
<head>
<title>背景图片、背景颜色同时</title>
<style>
<!--
body{
    background-image:url(03.gif);      /*页面背景图片*/
    background-color:#FFFF00;          /*页面背景颜色*/
}
-->
```

```
    </style>
        </head>
<body>
</body>
</html>
```

36. 观察下面的网页并用代码来实现，说说 CSS 样式是如何实现图片的重复设置的。

设置页面的背景图片重复可用（　　　　　　）属性，其属性值有（　　　　　　　　）。

小贴士

【例28】

```
<html>
<head>
<title>背景重复</title>
<style>
```

```
<!--
body{
    padding:0px;
    margin:0px;
    background-image:url(bg1.jpg);        /*背景图片*/
    background-repeat:repeat-y;           /*垂直方向重复*/
    background-color:#0066FF;             /*背景颜色*/
}
-->
</style>
    </head>
<body>
</body>
</html>
```

37. 观察下面的网页并用代码来实现，说说该网页用到了设置背景图片的哪些知识。

该网页用到了设置背景图片的（　　　　　）属性、（　　　　　）属性、（　　　　　）属性、（　　　　　）属性。其中背景位置属性的值有（　　　　　　　　　　　　　　　　）。

小结通过第31-35小题的练习，我们设置背景常用的属性有：

属性	属性值	作用

小贴士

与border和font属性一样，backgroud也可以将各种关于背景的设置集成到一个语句上，这样不仅可以节省大量的代码，而且加快了网络下载页面的速度。

如：background-color:blue;
　　backgroud-image:ur(bg7.jpg);
　　backgroud-repeat:no-repeat;
　　backgroud-attachment:fixed;
background-position:5px 10px;

以上的代码可以统一用一句backgroud属性代替，如下：

backgruod:blue url(bg7.jpg) no-repeat fiex 5px 10px;

【例29】

```
<html>
<head>
<title>背景的位置</title>
<style>
<!--
body{
   padding:0px;
   margin:0px;
   background-image:url(bg4.jpg);      /*背景图片*/
   background-repeat:no-repeat;        /*不重复*/
   background-position:bottom right;   /*背景位置,右下*/
   background-color:#eeeee8;
```

```
}
span{                        /*首字放大*/
    font-size:70px;
    float:left;
    font-family:黑体;
    font-weight:bold;
}
p{
    margin:0px; font-size:14px;
    padding-top:10px;
    padding-left:6px; padding-right:8px;
}
-->
</style>
    </head>
<body>
    <p> <span>雪 </span>是大气固态降水中的一种最广泛、最普遍、最主要的形式。大气固态降水是多种多样的，除了美丽的雪花以外，还包括能造成很大危害的冰雹，还有我们不经常见到的雪霰和冰粒。</p>
    <p>由于天空中气象条件和生长环境的差异，造成了形形色色的大气固态降水。这些大气固态降水的叫法因地而异，因人而异，名目繁多，极不统一。为了方便起见，国际水文协会所属的国际雪冰委员会，在征求各国专家意见的基础上，于1949年召开了一个专门性的国际会议，会上通过了关于大气固态降水简明分类的提案。这个简明分类，把大气固态降水分为十种：雪片、星形雪花、柱状雪晶、针状雪晶、多枝状雪晶、轴状雪晶、不规则雪晶、霰、冰粒和雹。前面的七种统称为雪。</p>
    <p>
    立冬 太阳位于黄经225°，11月7~8日交节 <br>
    小雪 太阳位于黄经240°，11月22~23日交节 <br>
    大雪 太阳位于黄经255°，12月6~8日交节 <br>
    冬至 太阳位于黄经270°，12月21~23日交节 <br>
    小寒 太阳位于黄经285°，1月5~7日交节 <br>
```

```
    大寒 太阳位于黄经300°,1月20~21日交节</p>
</body>
</html>
```

38. 使用网页代码制作出如下网页,说说该网页中都用到了表格的哪些属性。

年度收入 2004—2007

项目	2004	2005	2006	2007
拨款	11 980	12 650	9 700	10 600
捐款	4 780	4 989	6 700	6 590
投资	8 000	8 100	8 760	8 490
募捐	3 200	3 120	3 700	4 210
销售	28 400	27 100	27 950	29 050
杂费	2 100	1 900	1 300	1 760
总计	58 460	57 859	58 110	60 700

该网页用到的表格属性如下:

标签作用	标签
插入表格	
插入行	
插入列	
表格边框	

小贴士

【例30】

```
<html>
<head>
<title>年度收入</title>
<style>
<!--
body{
    background-color:#ebf5ff;    /*页面背景色*/
    margin:0px; padding:4px;
```

```
        text-align:center;              /*居中对齐(IE 有效)*/
    }
    .datalist{
        color:#0046a6;                  /*表格文字颜色*/
        background-color:#d2e8ff;       /*表格背景色*/
        font-family:Arial;              /*表格字体*/
    }
    .datalist caption{
        font-size:18px;                 /*标题文字大小*/
        font-weight:bold;               /*标题文字粗体*/
    }
    .datalist th{
        color:#003e7e;                  /*行、列名称颜色*/
        background-color:#7bb3ff;       /*行、列名称的背景色*/
    }
    -->
    </style>
    </head>
<body>
<table summary = "This table shows the yearly income for years 2004 through 2007" border = "1" class = "datalist">
    <caption>年度收入 2004-2007 </caption>
    <tr>
        <th> </th>
        <th scope = "col">2004 </th>
        <th scope = "col">2005 </th>
        <th scope = "col">2006 </th>
        <th scope = "col">2007 </th>
    </tr>
    <tr>
        <th scope = "row">拨款 </th>
        <td>11,980 </td>
        <td>12,650 </td>
        <td>9,700 </td>
```

```
        <td>10,600</td>
    </tr>
    <tr>
        <th scope="row">捐款</th>
        <td>4,780</td>
        <td>4,989</td>
        <td>6,700</td>
        <td>6,590</td>
    </tr>
    <tr>
        <th scope="row">投资</th>
        <td>8,000</td>
        <td>8,100</td>
        <td>8,760</td>
        <td>8,490</td>
    </tr>
    <tr>
        <th scope="row">募捐</th>
        <td>3,200</td>
        <td>3,120</td>
        <td>3,700</td>
        <td>4,210</td>
    </tr>
    <tr>
        <th scope="row">销售</th>
        <td>28,400</td>
        <td>27,100</td>
        <td>27,950</td>
        <td>29,050</td>
    </tr>
    <tr>
        <th scope="row">杂费</th>
        <td>2,100</td>
        <td>1,900</td>
        <td>1,300</td>
```

```
        <td>1,760 </td>
    </tr>
    <tr>
        <th scope = "row">总计</th>
        <td>58,460 </td>
        <td>57,859 </td>
        <td>58,110 </td>
        <td>60,700 </td>
    </tr>
</table>
</body>
</html>
```

39. 观察下列的表格并用代码实现该网页，并说说如何实现表格的隔行变色。

Member List

Name	Class	Birthday	Constellation	Mobile
isaac	W13	Jun 24th	Cancer	1118159
girlwing	W210	Sep 16th	Virgo	1307994
tastestory	W15	Nov 29th	Sagittarius	1095245
lovehate	W47	Sep 5th	Virgo	6098017
slepox	W19	Nov 18th	Scorpio	0658635
smartlau	W19	Dec 30th	Capricorn	0006621
whaler	W19	Jan 18th	Capricorn	1851918
shenhuanyan	W25	Jan 31th	Aquarius	0621827
tuonene	W210	Nov 26th	Sagittarius	0091704
ArthurRivers	W91	Feb 26th	Pisces	0468357
reconzansp	W09	Oct 13th	Libra	3643041
linear	W86	Aug 18th	Leo	6398341
laopiao	W41	May 17th	Taurus	1254004
dovecho	W19	Dec 9th	Sagittarius	1892013
shanghen	W42	May 24th	Gemini	1544254
venessawj	W45	Apr 1st	Aries	1523753
lightyear	W311	Mar 23th	Aries	1002908

小贴士

当表格的行和列都很多,并且数据量很大的时候,单元格如果采用相同的背景色,用户在实际使用时会感到凌乱。通常解决的办法就是采用隔行变色,使奇数行和偶数行的背景颜色不一样,达到数据一目了然的目的。

【例31】

```
<html>
<head>
<title>Member List </title>
<style>
<!--
.datalist{
    border:1px solid #0058a3;         /*表格边框*/
    font-family:Arial;
    border-collapse:collapse;          /*边框重叠*/
    background-color:#eaf5ff;          /*表格背景色*/
    font-size:14px;
}
.datalist caption{
    padding-bottom:5px;
    font:bold 1.4em;
    text-align:left;
}
.datalist th{
    border:1px solid #0058a3;          /*行名称边框*/
    background-color:#4bacff;          /*行名称背景色*/
    color:#FFFFFF;                     /*行名称颜色*/
    font-weight:bold;
    padding-top:4px; padding-bottom:4px;
    padding-left:12px; padding-right:12px;
    text-align:center;
}
.datalist td{
```

```
        border:1px solid #0058a3;        /*单元格边框*/
        text-align:left;
        padding-top:4px; padding-bottom:4px;
        padding-left:10px; padding-right:10px;
    }
    .datalist tr.altrow{
        background-color:#c7e5ff;         /*隔行变色*/
    }
    -->
    </style>
    </head>
<body>
<table class="datalist" summary="list of members in EE Studay">
    <caption>Member List</caption>
    <tr>
        <th scope="col">Name</th>
        <th scope="col">Class</th>
        <th scope="col">Birthday</th>
        <th scope="col">Constellation</th>
        <th scope="col">Mobile</th>
    </tr>
    <tr>                          <!-- 奇数行 -->
        <td>isaac</td>
        <td>W13</td>
        <td>Jun 24th</td>
        <td>Cancer</td>
        <td>1118159</td>
    </tr>
    <tr class="altrow">           <!-- 偶数行 -->
        <td>girlwing</td>
        <td>W210</td>
        <td>Sep 16th</td>
        <td>Virgo</td>
```

```html
        <td>1307994</td>
    </tr>
    <tr>                                  <!-- 奇数行 -->
        <td>tastestory</td>
        <td>W15</td>
        <td>Nov 29th</td>
        <td>Sagittarius</td>
        <td>1095245</td>
    </tr>
    <tr class="altrow">                   <!-- 偶数行 -->
        <td>lovehate</td>
        <td>W47</td>
        <td>Sep 5th</td>
        <td>Virgo</td>
        <td>6098017</td>
    </tr>
    <tr>                                  <!-- 奇数行 -->
        <td>slepox</td>
        <td>W19</td>
        <td>Nov 18th</td>
        <td>Scorpio</td>
        <td>0658635</td>
    </tr>
    <tr class="altrow">                   <!-- 偶数行 -->
        <td>smartlau</td>
        <td>W19</td>
        <td>Dec 30th</td>
        <td>Capricorn</td>
        <td>0006621</td>
    </tr>
    <tr>                                  <!-- 奇数行 -->
        <td>whaler</td>
        <td>W19</td>
        <td>Jan 18th</td>
```

```html
        <td>Capricorn </td>
        <td>1851918 </td>
</tr>
<tr class="altrow">                    <!-- 偶数行 -->
        <td>shenhuanyan </td>
        <td>W25 </td>
        <td>Jan 31th </td>
        <td>Aquarius </td>
        <td>0621827 </td>
</tr>
<tr>                                   <!-- 奇数行 -->
        <td>tuonene </td>
        <td>W210 </td>
        <td>Nov 26th </td>
        <td>Sagittarius </td>
        <td>0091704 </td>
</tr>
<tr class="altrow">                    <!-- 偶数行 -->
        <td>ArthurRivers </td>
        <td>W91 </td>
        <td>Feb 26th </td>
        <td>Pisces </td>
        <td>0468357 </td>
</tr>
<tr>                                   <!-- 奇数行 -->
        <td>reconzansp </td>
        <td>W09 </td>
        <td>Oct 13th </td>
        <td>Libra </td>
        <td>3643041 </td>
</tr>
<tr class="altrow">                    <!-- 偶数行 -->
        <td>linear </td>
        <td>W86 </td>
```

```html
        <td>Aug 18th</td>
        <td>Leo</td>
        <td>6398341</td>
    </tr>
    <tr>                              <!-- 奇数行 -->
        <td>laopiao</td>
        <td>W41</td>
        <td>May 17th</td>
        <td>Taurus</td>
        <td>1254004</td>
    </tr>
    <tr class="altrow">               <!-- 偶数行 -->
        <td>dovecho</td>
        <td>W19</td>
        <td>Dec 9th</td>
        <td>Sagittarius</td>
        <td>1892013</td>
    </tr>
    <tr>                              <!-- 奇数行 -->
        <td>shanghen</td>
        <td>W42</td>
        <td>May 24th</td>
        <td>Gemini</td>
        <td>1544254</td>
    </tr>
    <tr class="altrow">               <!-- 偶数行 -->
        <td>venessawj</td>
        <td>W45</td>
        <td>Apr 1st</td>
        <td>Aries</td>
        <td>1523753</td>
    </tr>
    <tr>                              <!-- 奇数行 -->
        <td>lightyear</td>
```

```
        <td>W311 </td>
        <td>Mar 23th </td>
        <td>Aries </td>
        <td>1002908 </td>
    </tr>
</table>
</body>
</html>
```

40. 表单中的元素有哪些？这些元素对应的标记是什么？

表单中的元素	对应的标记
表单	
输入框	
下拉菜单	
单选项	
复选框	
文本框	
按钮	

观察下列的网页并用代码实现它。

请输入您的姓名：

请选择你最喜欢的颜色：
红

请问你的性别：
○男
○女

你喜欢做些什么：
□看书 □上网 □睡觉

我要留言：

Submit

【例32】

```
<html>
<head>
<title>表单</title>
<style>
<!--
form{
    border: 1px dotted #AAAAAA;
    padding: 1px 6px 1px 6px;
    margin:0px;
    font:14px Arial;
}
input{                    /*所有input标记*/
    color: #00008B;
}
input.txt{                /*文本框单独设置*/
    border: 1px inset #00008B;
    background-color: #ADD8E6;
}
input.btn{                /*按钮单独设置*/
    color: #00008B;
    background-color: #ADD8E6;
    border: 1px outset #00008B;
    padding: 1px 2px 1px 2px;
}
select{
    width: 80px;
    color: #00008B;
    background-color: #ADD8E6;
    border: 1px solid #00008B;
}
textarea{
```

```
        width: 200px;
        height: 40px;
        color: #00008B;
        background-color: #ADD8E6;
        border: 1px inset #00008B;
    }
    -->
    </style>
    </head>
<body>
<form method = "post">
<p>请输入您的姓名：<br> < input type = "text" name = "name" id = "name" class = "txt"> </p>
<p>请选择你最喜欢的颜色：<br>
< select name = "color" id = "color">
    < option value = "red">红</option>
    < option value = "green">绿</option>
    < option value = "blue">蓝</option>
    < option value = "yellow">黄</option>
    < option value = "cyan">青</option>
    < option value = "purple">紫</option>
</select> </p>
<p>请问你的性别：<br>
    < input type = "radio" name = "sex" id = "male" value = "male" class = "rad">男 <br>
    < input type = "radio" name = "sex" id = "female" value = "female" class = "rad">女 </p>
<p>你喜欢做些什么：<br>
    < input type = "checkbox" name = "hobby" id = "book" value = "book" class = "check">看书
    < input type = "checkbox" name = "hobby" id = "net" value = "net" class = "check">上网
    < input type = "checkbox" name = "hobby" id = "sleep" value = "sleep" class = "check">睡觉 </p>
```

```
<p>我要留言：<br> <textarea name="comments" id="comments" cols="30" rows="4" class="txtarea"> </textarea> </p>
<p> <input type="submit" name="btnSubmit" id="btnSubmit" value="Submit" class="btn"> </p>
</form>
</body>
</html>
```

41. 观察下列的网页并用代码实现它。

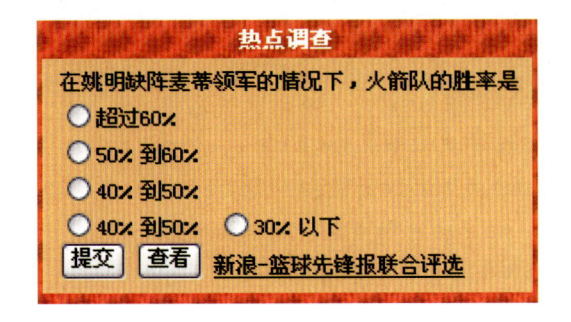

小贴士

【例33】

```
<html>
<head>
<title>Sina 调查问卷</title>
<style>
<!--
table.outside{                    /*外层表格*/
    background:url(bg1.jpg);
    font-size:12px;
    padding:0px;
}

td.title{                         /*表格标题*/
```

```
    color:#FFFFFF;
    font-weight:bold;
    text-align:center;
    padding-top:3px;
    padding-bottom:0px;
}
td.tdoutside{
    padding:0px 1px 4px 1px;
}
table.inside{                    /*内层表格*/
    width:269px;
    font-size:12px;
    padding:0px;
    margin:0px;
}
td.tdinside{
    padding:7px 0px 7px 10px;
    background-color:#FFD455;
}
form{
    margin:0px; padding:0px;
}
input{
    font-size:12px;
}
a{
    color:#000000;
    text-decoration:underline;
}
-->
</style>
    </head>
<body>
<table class="outside">
    <tr> <td class="title">热点调查 </td> </tr>
```

```
<tr> <td class = "tdoutside">
    <form method = "post">
    <table class = "inside" cellspacing = "0">
        <tr>
            <td class = "tdinside">
            在姚明缺阵麦蒂领军的情况下,火箭队的胜率是 <br>
            <input type = "radio" name = "q_498" value = "2749">超过 60% <br>
            <input type = "radio" name = "q_498" value = "2750">50%到 60% < <br>
            <input type = "radio" name = "q_498" value = "2751">40% <到 50% < <br>
            <input type = "radio" name = "q_498" value = "2752">40% <到 50%
            <input type = "radio" name = "q_498" value = "2753">30%以下 <br>
            <input type = "submit" value = "提交">
            < input type = "button" name = "viewresult" value = "查看">  <a href = "#">新浪-篮球先锋报联合评选 </a>
            </td>
        </tr>
    </table>
    </form>
</td> </tr>
</table>
</body>
</html>
```

42. 在 HTML 语言中,超链接是通过标记(　　　　)来实现的,链接的具体地址则是利用(　　　　)标记的(　　　　)属性。

CSS 是通过上 4 个伪类别,再配合各种属性风格制作出千变万化的动态超链接。这 4 个伪类别属性及说明如下:

属性	说明
A：link	
A：visited	
A：hover	
A：active	

43. 网页中的列表符号采用（　　　　　）或者（　　　　　）标记，然后配合（　　　　　）罗列各个项目。观察下列网页并用代码实现。

水上运动

1. freestyle 自由泳
2. backstroke 仰泳
3. breaststroke 蛙泳
4. butterfly 蝶泳
5. individual medley 个人混合泳
6. freestyle relay 自由泳接力

小贴士

【例34】

```
<html>
<head>
<title>项目列表</title>
<style>
<!--
body{
    background-color:#c1daff;
}
ul{
    font-size:0.9em;
    color:#00458c;
    list-style-type:decimal;          /*项目编号*/
}
-->
```

```
</style>
  </head>
<body>
<p>水上运动</p>
<ul>
    <li>freestyle 自由泳</li>
    <li>backstroke 仰泳</li>
    <li>breaststroke 蛙泳</li>
    <li>butterfly 蝶泳</li>
    <li>individual medley 个人混合泳</li>
    <li>freestyle relay 自由泳接力</li>
</ul>
</body>
</html>
```

44. 填写下面的表格。

list-style-type 属性值及其显示效果

关键字	显示效果
dic	
circle	
square	
decimal	
Upper-alpha	
Lower-alpha	
Upper-romman	
Lower- romman	
none	

45. 除了传统的各种项目符号外，CSS 还提供了属性（　　　　　），可以将项目符号显示为任意的图片。观察下列的网页并用代码实现该网页。

说明：该例中通过隐藏（　　　　）标记的项目列表，然后再设置（　　　）标记的样式，统一定制文字与图标之间的距离，从而实现了各个浏览器之间的效果。

小贴士

【例35】

```
<html>
<head>
<title>图片符号</title>
<style>
<!--
body{
    background-color:#c1daff;
}
ul{
    font-family:Arial;
    font-size:13px;
    color:#00458c;
    list-style-type:none;       /*不显示项目符号*/
}
li{
    background:url(icon1.jpg) no-repeat;  /*添加为背景图片*/
    padding-left:25px;           /*设置图标与文字的间隔*/
}
-->
```

```
</style>
    </head>
<body>
<p>自行车</p>
<ul>
    <li>Road cycling 公路自行车赛</li>
    <li>Track cycling 场地自行车赛</li>
    <li>sprint   追逐赛</li>
    <li>time trial 计时赛</li>
    <li>points race   计分赛</li>
    <li>pursuit   争先赛</li>
    <li>Mountain bike 山地自行车赛</li>
</ul>
</body>
</html>
```

46. 观察下列的网页并用代码实现它。

Home
My Blog
Friends
Next Station
Contact Me

小贴士

【例36】

```
<head>
<title>无需表格的菜单</title>
<style>
```

```css
<!--
body{
    background-color:#ffdee0;
}
#navigation {
    width:200px;
    font-family:Arial;
}
#navigation ul {
    list-style-type:none;          /*不显示项目符号*/
    margin:0px;
    padding:0px;
}
#navigation li {
    border-bottom:1px solid #ED9F9F;  /*添加下划线*/
}
#navigation li a{
    display:block;                 /*区块显示*/
    padding:5px 5px 5px 0.5em;
    text-decoration:none;
    border-left:12px solid #711515;   /*左边的粗红边*/
    border-right:1px solid #711515;   /*右侧阴影*/
}
#navigation li a:link, #navigation li a:visited{
    background-color:#c11136;
    color:#FFFFFF;
}
#navigation li a:hover{            /*鼠标经过时*/
    background-color:#990020;      /*改变背景色*/
    color:#ffff00;                 /*改变文字颜色*/
}
-->
</style>
    </head>
<body>
```

```
<div id="navigation">
    <ul>
        <li><a href="#">Home</a></li>
        <li><a href="#">My Blog</a></li>
        <li><a href="#">Friends</a></li>
        <li><a href="#">Next Station</a></li>
        <li><a href="#">Contact Me</a></li>
    </ul>
</div>
</body>
</html>
```

47. 观察下面的网页，使用列表将菜单横竖转换，用代码实现该效果。

小贴士

【例37】

```
<html>
<head>
<title>菜单的横竖转换</title>
<style>
<!--
body{
    background-color:#ffdee0;
}
#navigation {
    font-family:Arial;
}
#navigation ul {
```

```
    list-style-type:none;         /*不显示项目符号*/
    margin:0px;
    padding:0px;
}
#navigation li {
    float:left;                   /*水平显示各个项目*/
}
#navigation li a{
    display:block;                /*区块显示*/
    padding:3px 6px 3px 6px;
    text-decoration:none;
    border:1px solid #711515;
    margin:2px;
}
#navigation li a:link, #navigation li a:visited{
    background-color:#c11136;
    color:#FFFFFF;
}
#navigation li a:hover{           /*鼠标经过时*/
    background-color:#990020;     /*改变背景色*/
    color:#ffff00;                /*改变文字颜色*/
}
-->
</style>
    </head>
<body>
<div id="navigation">
    <ul>
        <li> <a href="#">Home </a> </li>
        <li> <a href="#">My Blog </a> </li>
        <li> <a href="#">Friends </a> </li>
        <li> <a href="#">Next Station </a> </li>
        <li> <a href="#">Contact Me </a> </li>
    </ul>
```

```
</div>
</body>
</html>
```

48. 打开搜索引擎百度的网站，可以看到Logo下方的水平导航条，如下图所示，利用前面几节课所学介绍的内容和方法，实现下面百度导航条的制作。

【例38】

```
<html>
<head>
<title>百度——全球最大中文搜索引擎</title>
<style type="text/css">
td,p{font-size:12px;}
p{width:600px; margin:0px; padding:0px;}
.ff{font-family:Verdana; font-size:16px;}
#navigation{
    margin:0px auto;
    font-size:12px;
    padding:0px;
    border-bottom:1px solid #00c;
    background:#eee;
    width:600px;height:18px;
}
#navigation li{
    float:left;                    /*水平菜单*/
    list-style-type:none;          /*不显示项目符号*/
```

```
        margin:0px;padding:0px;
        width:67px;
}
#navigation li a{
        display:block;                    /*块显示*/
        text-decoration:none;
        padding:4px 0px 0px 0px;
        margin:0px;
}
#navigation li a:link, #navigation li a:visited{
        color:#0000CC;
}
#navigation li a:hover{                   /*鼠标经过时*/
        text-decoration:underline;
        background:#FFF;
        padding:4px 0px 0px 0px;
        margin:0px;
}
#navigation li#h{width:56px;height:18px;}  /*左侧空间*/
#navigation li#more{width:85px;height:18px;}
                                           /*"更多"按钮*/
#navigation .current{                      /*当前页面所在*/
        background:#00C;
        color:#FFF;
        padding:4px 0px 0px 0px;
        margin:0px;
        font-weight:bold;
}
</style>
    </head>
<body>
<center> <br> <img src="http://www.baidu.com/img/logo.gif"> <br> <br> <br> <br>
<div id="navigation">
```

```html
<ul>
    <li id="h"> </li>
    <li> <a href="#">资讯</a> </li>
    <li class="current">网页</li>
    <li> <a href="#">贴吧</a> </li>
    <li> <a href="#">知道</a> </li>
    <li> <a href="#">MP3</a> </li>
    <li> <a href="#">图片</a> </li>
    <li id="more"> <a href="#">更多&gt;&gt;</a> </li>
</ul>
</div>
<p style="height:44px;"> </p>
<table width="600" border="0" cellpadding="0" cellspacing="0">
    <tr>
        <td width="92"> </td>
        <td> <form> <input type="text" name="wd" class="ff" size="35">
        <input type="submit" value="百度搜索"> </form> </td>
        <td width="92" valign="top"> <a href="#">搜索帮助</a> <br> <a href="#">高级搜索</a> </td>
    </tr>
</table>
</center>
</body>
</html>
```

49. 流行的 Tab 菜单的制作。Tab 风格的菜单导航一直受到广大网站制作者的青睐，网上随处可见各式各样的 Tab 菜单，观察下面的网页并用代码实现该网页。

| 首页 | 新闻 | 体育 | 音乐 | 下一站 | 博客 |

[首页] 追忆往事，展望未来。新年寄语
[新闻] 每年五一、十一长假，很多人不愿出门
[新闻] 清华大学电子系研制成功新一代…
[体育] 奥运火炬接力火热进行
[音乐] 网民调查，你最喜欢的音乐类型
[博客] 自由博客新版正式发布，网友…

追忆往事，展望未来

| 首页 | 新闻 | 体育 | 音乐 | 下一站 | 博客 |

1. 在列车出发前，请将自己的手机置于无声状态。
2. 遵守乘车秩序，不要抢占座位。
3. 请勿在车厢内大声喧哗，或随意投弃杂物。
4. 本次列车全部为无烟列车，车厢内严禁吸烟。
5. 严禁携带易燃易爆等危险物品上车。
6. 如需在车厢内拍照，请勿使用闪光灯。
7. 请保持通道畅通，并留意距您最近的安全出口。

追忆往事，展望未来

三、评价反馈

学习活动考核评价表

学习活动名称：<u>制作手机端网页——接受任务，储备知识</u>

班级：		学号：	姓名：	指导教师：					
评价项目	评价标准		评价依据（信息、佐证）	评价方式			权重	得分小计	总分
				自我评价	小组评价	教师（企业）评价			
				10%	20%	70%			
关键能力	1. 计算机正确的使用； 2. 能参与小组讨论，相互交流； 3. 积极主动、勤学好问； 4. 能清晰、准确表达。		1. 课堂表现； 2. 工作页填写。				50%		

续表

班级：　　　　　学号：　　　　　姓名：　　　　　指导教师：

评价项目	评价标准	评价依据（信息、佐证）	评价方式			权重	得分小计	总分
			自我评价	小组评价	教师（企业）评价			
			10%	20%	70%			
专业能力	1. 理解 DIV 盒子模型； 2. 认识 CSS 设置文字、图片、背景、超链接、表单等网页元素的方法； 3. 掌握 float 定位、position 定位； 4. 工作页的完成情况； 5. 识读简单网页代码。	1. 课堂表现； 2. 工作页填写。				50%		
指导教师综合评价								

指导教师签名：　　　　　　　　　　　　　　　　　　　　　　　日期：

学习活动二　工作准备

> **学习目标：**
> 1. 在老师的指导下能阅读简单的产品需求说明书，按要求设计出手机上的网页，了解手机上的网页的大小及制作的标准；
> 2. 在制作过程中出现问题时能与相关人员进行沟通，获取解决问题的方法和措施。
> **建议学时：** 6 课时
> **学习地点：** 一体化学习工作站

一、学习准备

1. 学习工具：电脑、投影仪。
2. 学习资料：互联网上的资源；《DIV + CSS 网页布局案例精粹》、《精通 CSS + DIV 网页样式与布局》等参考教材；网页制作方面的课件。
3. 分成学习小组。

二、学习过程

请同学们分成学习小组并认真阅读以下的说明书并按要求设计出该网页。

【掌上苏州】活动综合页产品需求说明书

掌上苏州
wap.139sz.cn

活 动 专 区

校园勋章疯狂任务，你准备好了吗？
< ● ○ ○ ○ ○ >

校园勋章疯狂任务
活动时间：2012年9月30日 12:00~2012年12月31日 24:00
活动简介：疯狂任务赢大奖，疯狂任务赢大奖疯狂任务赢大奖疯…
已有123456人关注　去领任务

校园勋章疯狂任务
活动时间：2012年9月30日 12:00~2012年12月31日 24:00
活动简介：疯狂任务赢大奖，疯狂任务赢大奖疯狂任务赢大奖疯…
已有123456人关注　去领任务

校园勋章疯狂任务
活动时间：2012年9月30日 12:00~2012年12月31日 24:00
活动简介：疯狂任务赢大奖，疯狂任务赢大奖疯狂任务赢大奖疯…
已有123456人关注　去领任务

校园勋章疯狂任务
活动时间：2012年9月30日 12:00~2012年12月31日 24:00
活动简介：疯狂任务赢大奖，疯狂任务赢大奖疯狂任务赢大奖疯…
已有123456人关注　去领任务

校园勋章疯狂任务
活动时间：2012年9月30日 12:00~2012年12月31日 24:00
活动简介：疯狂任务赢大奖，疯狂任务赢大奖疯狂任务赢大奖疯…
已有123456人关注　去领任务

1 下一页

免费发飞信看新闻逛空间
掌苏首页 会员权益 意见箱
书签下载 广告合作
苏ICP备08007553号

SRS 1.0 活动广告位

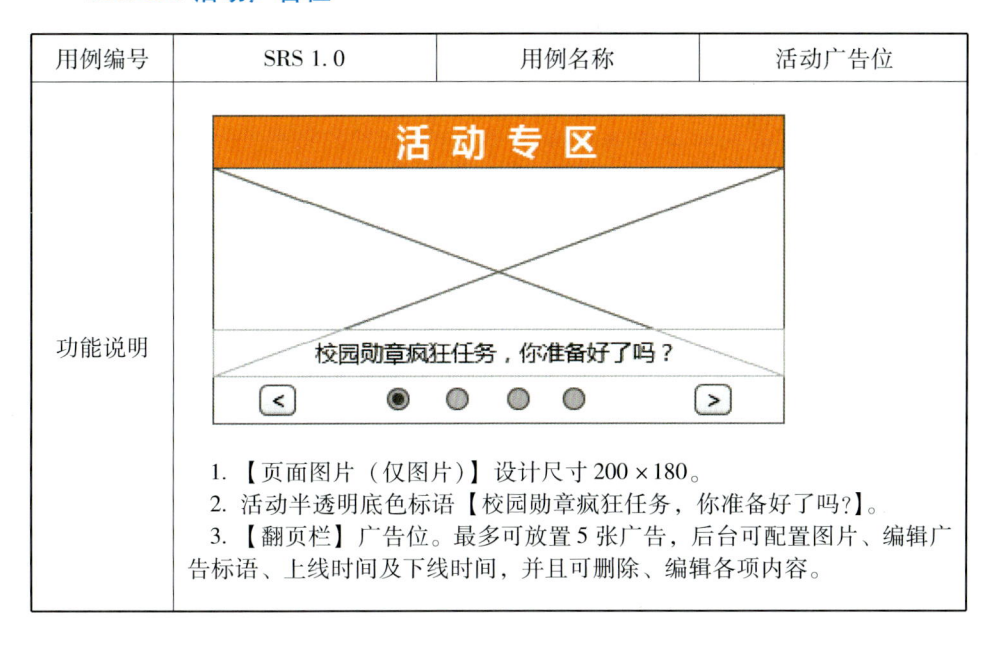

用例编号	SRS 1.0	用例名称	活动广告位
功能说明	 1.【页面图片（仅图片）】设计尺寸 200×180。 2. 活动半透明底色标语【校园勋章疯狂任务，你准备好了吗？】。 3.【翻页栏】广告位。最多可放置 5 张广告，后台可配置图片、编辑广告标语、上线时间及下线时间，并且可删除、编辑各项内容。			

SRS 2.0 活动广告位

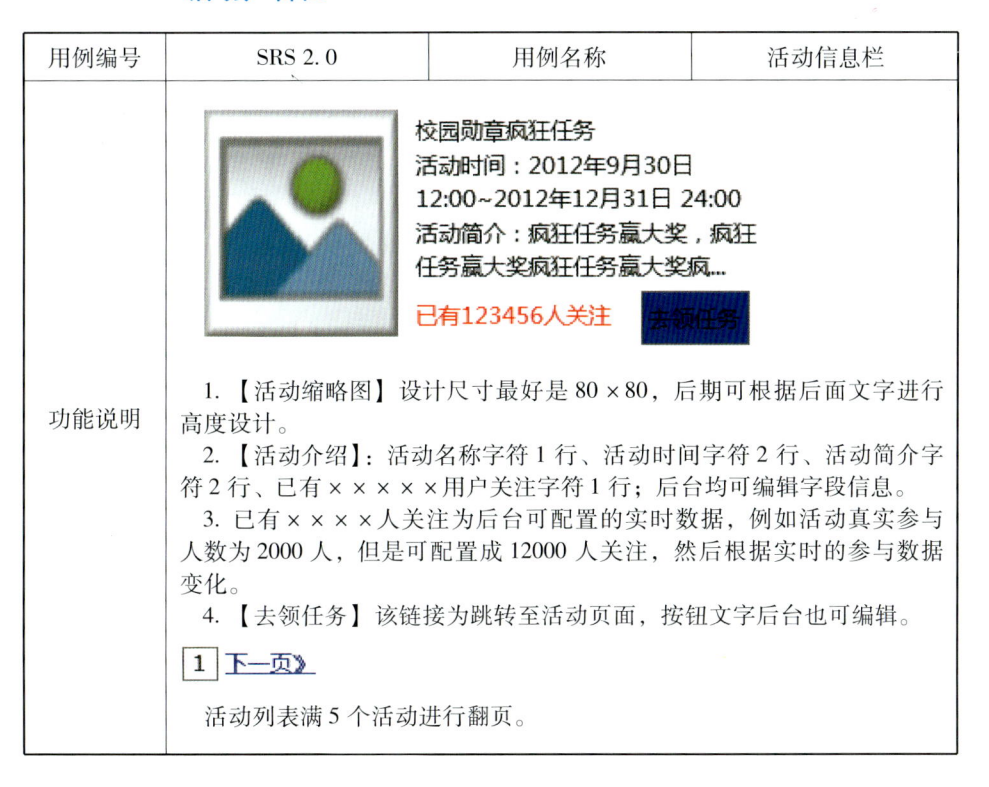

用例编号	SRS 2.0	用例名称	活动信息栏
功能说明	 1.【活动缩略图】设计尺寸最好是 80×80，后期可根据后面文字进行高度设计。 2.【活动介绍】：活动名称字符 1 行、活动时间字符 2 行、活动简介字符 2 行、已有××××用户关注字符 1 行；后台均可编辑字段信息。 3. 已有××××人关注为后台可配置的实时数据，例如活动真实参与人数为 2000 人，但是可配置成 12000 人关注，然后根据实时的参与数据变化。 4.【去领任务】该链接为跳转至活动页面，按钮文字后台也可编辑。 ① 下一页》 活动列表满 5 个活动进行翻页。			

学习任务一 制作手机端网页

三、作品展示

同学们分成小组，将设计好的作品展示出来。

四、评价反馈

学习活动考核评价表

学习活动名称：<u>制作手机端网页——工作准备</u>

班级：		学号：	姓名：		指导教师：			
评价项目	评价标准		评价依据（指信息、佐证）	评价方式			权重	得分小计	总分
				自我评价	小组评价	教师（企业）评价			
				10%	20%	70%			
关键能力	1. 正确使用计算机； 2. 能参与小组讨论，相互交流； 3. 积极主动、勤学好问； 4. 能清晰、准确表达。		1. 课堂表现； 2. 工作页填写。				40%		
专业能力	1. 能阅读简单的产品需求说明书； 2. 根据产品说明书设计出网页。		1. 课堂表现； 2. 工作页填写。				60%		
指导教师综合评价									
指导教师签名：							日期：		

学习活动三　制作校园勋章疯狂任务网页

学习目标：
1. 能使用 CSS 设置字体、背景、图片、超链接的方法，制作手机网页；
2. 能使用不同的浏览器测试网页并能解决浏览器兼容问题。
建议学时： 10 课时
学习地点： 一体化学习工作站

一、学习准备

1. 学习工具：电脑、投影仪。

2. 学习资料：互联网上的资源；《DIV + CSS 网页布局案例精粹》、《精通 CSS + DIV 网页样式与布局》等参考教材；网页制作方面的课件。

3. 分成学习小组。

二、学习过程

根据老师的讲解，按下列的步骤完成校园勋章疯狂任务网页的制作。

1. 网站 logo 制作

小贴士

```
body{margin:5px; color:#080808;}
div{font-size:13px; line-height:21px;
color:#999999; margin:3px 0; }
.logo{height:53px;}
```

2. 活动专区制作

活 动 专 区

小贴士

```
.hdt{width:100% ; height:30px; margin:0 auto; background-color:#FF9900; font-family:"黑体"; font-size:20px; text-align:center; color:#FFFFFF; padding-top:10px; letter-spacing:10px;}
```

3. 广告区制作

小贴士

```
.huodong{width:300px; height:225px; margin:0 auto; text-align:center;}
```

4. 任务宣传制作

校园勋章疯狂任务，你准备好了吗？

小贴士

```
.xiaoy{height:25px; text-align:center; text-align:center; font-weight:600; color:#FF9966;}
```

5. 选择区制作

.select{border-bottom:#FF9966 solid 1px;text-align:center;}

6. 活动区制作

.hdgg{width:300px; height:130px; margin: 0 auto; padding:3px; border-bottom: #FF9933 dashed 1px;}

.ggtu{width:80px; height:80px; float: left; margin-right:3px;}
a{color:#0000CC;}
.bai{color:#FFFFFF;}
.red{color:#FF0000;}
.bw{color:#000000; font-weight:600;}
.bw1{color:#000000; font-weight:500;}

7. 关注人数制作

已有12345人关注　　　去领任

小贴士

```
button{width:55px; height:20px;
background-color:#FF9966;border:none; }
```

8. 页脚区制作

```
                                    1 下一页
    _____

    免费发飞信看新闻逛空间
    掌苏首页 会员权益 意见箱
    书签下载广告合作
    苏ICP备08007553号
```

小贴士

```
.hdgg2{width:300px; height:130px; margin
:0 auto; padding:3px; }
```

9. 最终效果图及代码

校园勋章疯狂任务，你准备好了吗？

< ○ ○ ○ ○ >

校园勋章疯狂任务
活动时间：2012年9月30日
12:00～2012年12月31日 24：00
活动简介：疯狂任务赢大奖……

已有 **12345** 人关注　　　　　　去领任

校园勋章疯狂任务
活动时间：2012年9月30日
12:00～2012年12月31日 24：00
活动简介：疯狂任务赢大奖……

已有 **12345** 人关注　　　　　　去领任

校园勋章疯狂任务
活动时间：2012年9月30日
12:00～2012年12月31日 24：00
活动简介：疯狂任务赢大奖……

已有 **12345** 人关注　　　　　　去领任

校园勋章疯狂任务
活动时间：2012年9月30日
12:00～2012年12月31日 24：00
活动简介：疯狂任务赢大奖……

已有 **12345** 人关注　　　　　　去领任

校园勋章疯狂任务
活动时间：2012年9月30日
12:00～2012年12月31日 24：00
活动简介：疯狂任务赢大奖……

已有 **12345** 人关注　　　　　　去领任

　　　　　　　　　　　　　1 下一页

免费发飞信看新闻逛空间
掌苏首页 会员权益 意见箱
书签下载 广告合作
苏ICP备08007553号

学习任务 一 制作手机端网页

```html
<head>
<meta http-equiv="Content-Type" content="text/html; charset=utf-8"/>
<title>掌上苏州</title>
<link href="style.css" rel="stylesheet" type="text/css"/>
<style type="text/css">
<!--
.STYLE1 {color: #FF0000}
-->
</style>
<link href="tpbk-activity.css" rel="stylesheet" type="text/css"/>
<link href="css/tpbk-activity.css" rel="stylesheet" type="text/css"/>
</head>

<body>
<div class="logo"><img src="img/logo (5).gif" width="75" height="52"/></div>
<div class="hdt">活动专区</div>
<div cl...
<div class="xiaoy">校园勋章疯狂任务,你准备好了吗?</div>
<div class="select">
    <table width="320" border="0" cellspacing="0">
        <tr>
            <td><form>
                <input type="submit" name="button" id="button" value=" < "/>
                <input type="radio" name="radio" id="radio" value="radio"/>
```

```html
    <input type="radio" name="radio" id="radio" value="radio"/>
    <input type="radio" name="radio" id="radio" value="radio"/>
    <input type="radio" name="radio2" id="radio2" value="radio2"/>
    <input type="submit" name="button" id="button" value=">"/>
   </form></td>
  </tr>
 </table>
</div>
<div class="hdgg">
 <div class="ggtu"><img src="img/01.gif" width="80" height="80"/></div>
  <span class="bw">校园勋章疯狂任务</span><br/>
  <span class="bw1">活动时间：</span>2012年9月30日<br/>
  12:00~2012年12月31日24:00<br/>
<span class="bw1">活动简介：</span>疯狂任务赢大奖……<br/>
 </p>
 <div class="center">
    <table width="295" border="0">
     <tr>
       <td width="169" height="55">已有<span class="red">12345人</span>关注</td>
       <td width="116"><button><span class="bai">去领任务</span></button></td>
     </tr>
    </table>   </div>
</div>
<div cl...
```

```
<div cl...
    <div cl...
        <div cl...
<div class="hdgg2"> 1<a href="">下一页</a><br/>
<hr align="left" width="150"/>
免费发飞信看新闻逛空间<br/>
掌苏首页 会员权益 意见箱<br/>
书签下载 广告合作<br/>
苏ICP备08007553号<br/>
</div>
</body><hr/>

</html>
```

三、作品展示

同学们分成小组，将制作好的作品展示出来。

四、评价反馈

学习活动评价表

学习活动名称：制作手机端网页——制作校园勋章疯狂任务网页

班级：		学号：	姓名：	指导教师：				
评价项目	评价标准		评价依据（指信息、佐证）	评价方式			权重	得分小计	总分
				自我评价	小组评价	教师（企业）评价			
				10%	20%	70%			
关键能力	1. 计算机操作的规范性； 2. 能参与小组讨论，相互交流； 3. 积极主动、勤学好问； 4. 能清晰、准确表达。		1. 课堂表现； 2. 工作页填写。				40%		

续表

班级：		学号：	姓名：		指导教师：			
评价项目	评价标准		评价依据（指信息、佐证）	评价方式			权重	得分小计	总分
				自我评价	小组评价	教师（企业）评价			
				10%	20%	70%			
专业能力	1. DIV 盒子模型的理解； 2. CSS 样式使用的灵活程度； 3. 效果图制作是否和教师讲解的一致。		1. 课堂表现； 2. 工作页填写； 3. 效果图质量。				60%		
指导教师综合评价									
指导教师签名：						日期：			

学习活动四　制作星梦奇缘全城热恋活动网页

学习目标：

1. 在老师的指导下能阅读简单的产品需求说明书，按要求制作出手机上的网页，了解手机上的网页的大小及制作的标准；

2. 在制作过程中出现问题时能与相关人员进行沟通，获取解决问题的方法和措施；

3. 能使用 CSS 设置字体、背景、图片、超链接的方法，制作手机网页；

4. 能使用不同的浏览器测试网页并能解决浏览器兼容问题。

建议学时： 30 课时

学习地点： 一体化学习工作站

一、学习准备

1. 学习设备：电脑、投影仪。
2. 学习资料：参考书籍、互联网上的电子资源。
3. 分成学习小组。

二、学习过程

仔细阅读下面的星梦奇缘全城热恋活动网页产品说明书，根据说明书制作出手机端的网页。

1. 首页

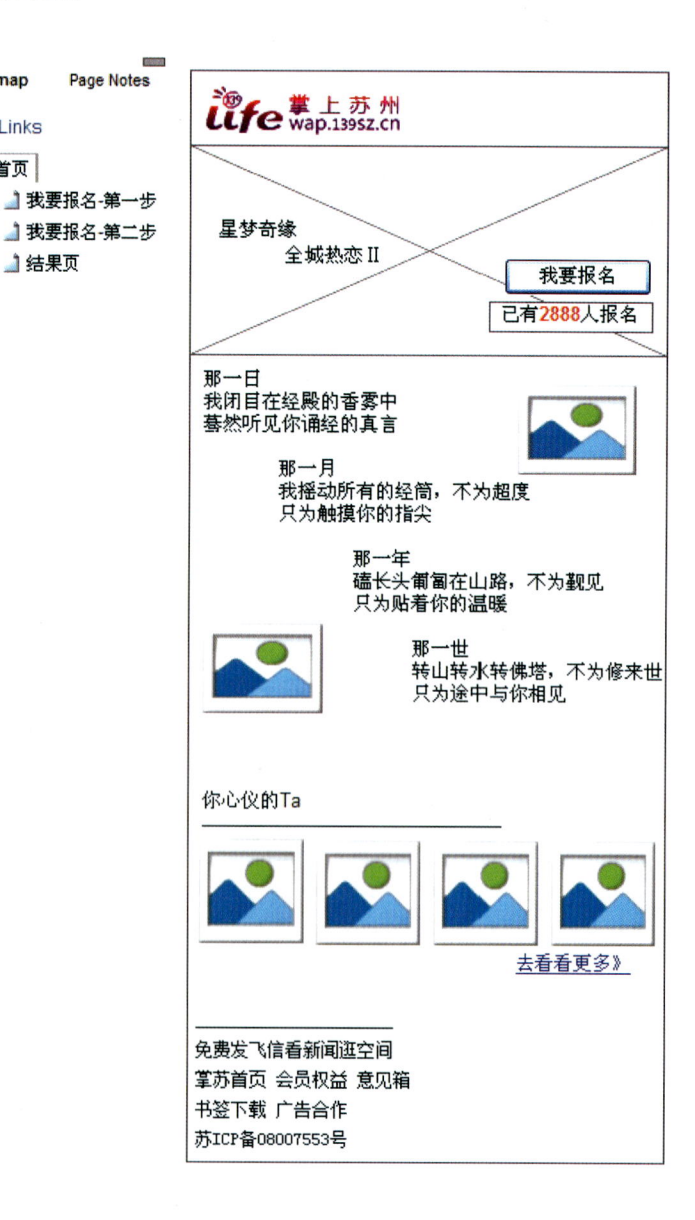

2. 我要报名第一步

Sitemap   Page Notes

Show Links

- 首页
  - 我要报名-第一步
  - 我要报名-第二步
  - 结果页

掌上苏州
life wap.139sz.cn

星梦奇缘
全城热恋 II

姓名	张小三	性别	○男 ○女
年龄	33岁	星座	天蝎座 ▼
职业	护士	学历	本科 ▼
身高	170 厘米	体重	45 公斤
籍贯	江苏常州	现居住地	江苏苏州
手机	13770712211		
QQ	9283103482		

喜欢的异性类型 请控制在30个字符以内

交友宣言 请控制在30个字符以内

个人描述
请控制在200个字符以内

[提交并下一步]

报名须知
————————————————
1、所有报名用户需填入真实的个人信息；
2、报名成功，需经过相关工作人员审核；
3、经过工作人员审核后，会对审核成功的用户进行电话回访，请保证您的手机处于正常使用状态

————————
免费发飞信看新闻逛空间
掌苏首页 会员权益 意见箱
书签下载 广告合作
苏ICP备08007553号

学习任务 ❶ 制作手机端网页

3. 我要报名第三步

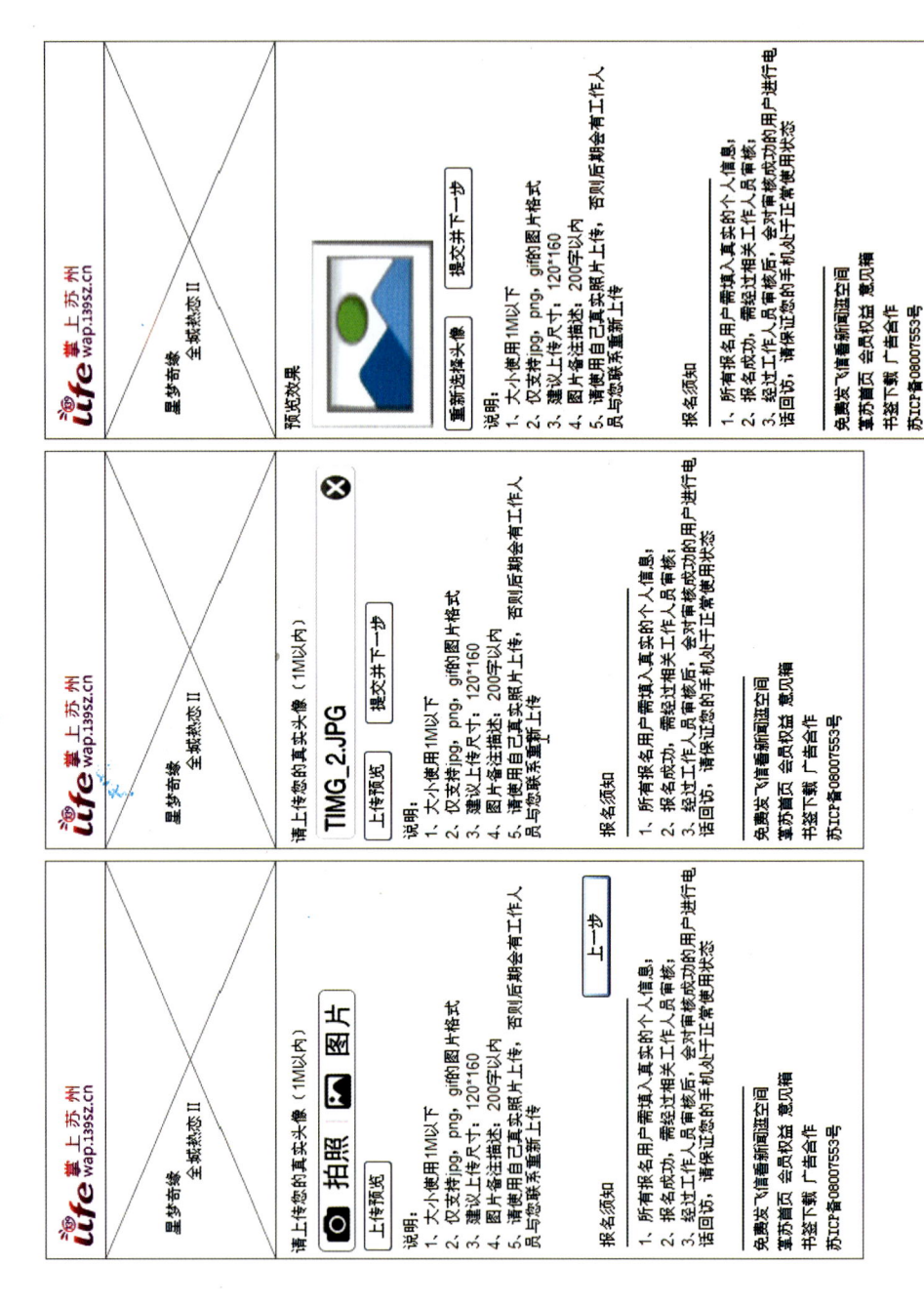

4. 结果页

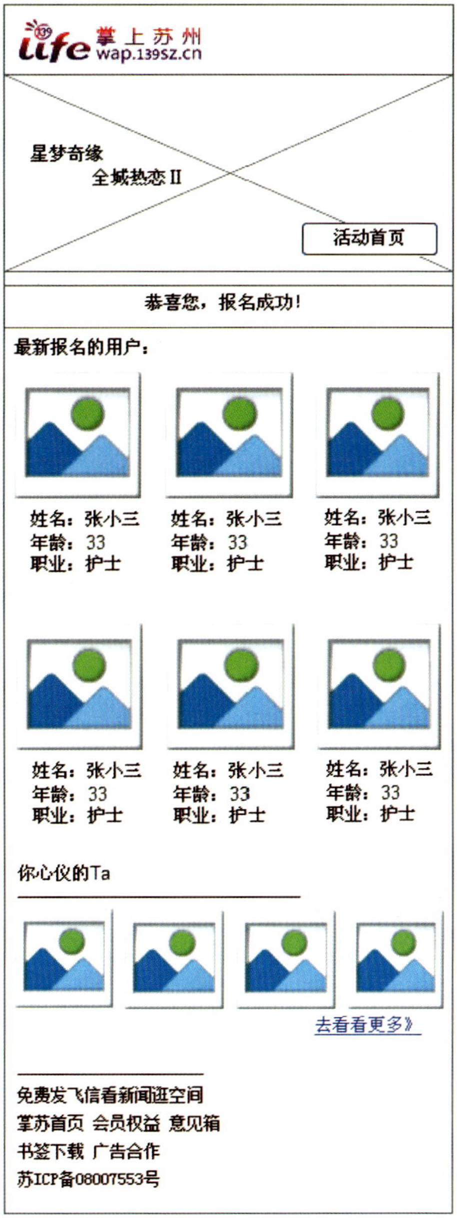

三、作品展示

同学们分成小组，将设计好的作品展示出来。

四、评价反馈

学习活动考核评价表

学习活动名称：<u>制作手机端网页——制作星梦奇缘全城热恋活动网页</u>

班级：　　　　学号：　　　　姓名：　　　　指导教师：

评价项目	评价标准	评价依据（信息、佐证）	评价方式 自我评价 10%	评价方式 小组评价 20%	评价方式 教师（企业）评价 70%	权重	得分小计	总分
关键能力	1. 正确操作计算机； 2. 能参与小组讨论，相互交流； 3. 积极主动、勤学好问； 4. 能清晰、准确表达。	1. 课堂表现； 2. 工作页填写。				50%		
专业能力	1. DIV 盒子模型的理解； 2. CSS 样式使用的灵活程度； 3. 手机端网页设计及制作能力。	1. 课堂表现； 2. 工作页填写。				50%		
指导教师综合评价								

指导教师签名：　　　　　　　　　　　　　　　　　日期：

学习活动五　制作星梦奇缘全城热恋活动网页总结、成果展示与经验交流

> **学习目标：**
> 1. 通过对整个工作过程的叙述，培养良好的表达沟通能力；
> 2. 通过成果展示，关注学生专业能力、社会能力的全面评价；
> 3. 使学生反思工作过程中存在的不足，为今后工作积累经验。
>
> **建议学时：** 4 课时
> **学习地点：** 一体化学习工作站

一、学习准备

1. 学习资料：互联网资源、完成的成果、移动黑板、投影仪、彩色卡片。
2. 分成学习小组。

二、学习过程

引导问题

1. 结合互联网资源、工具书等资源对制作星梦奇缘全城热恋活动网页过程进行分析总结，找出在制作星梦奇缘全城热恋活动网页过程中存在的问题并填写下表。用张贴版的方式每组派一位同学进行讲述，其他组点评，最后教师点评。

星梦奇缘全城热恋活动网页制作总体评价表

内容名称	做得好的方面	存在问题及分析	解决方法	备注
确定工作任务				
工作准备				
草图规划				
网页制作				
效果图质量				
学生/小组心得体会总结				

2. 通过制作星梦奇缘全城热恋活动网页，你学到了什么？

3. 如果下次接到相似的任务，你在制作过程应该注意哪些事项？

学习任务二 制作音乐网站

☐ 学习目标

学习本任务后应具备以下综合能力：

1. 理解 CSS 定位与 DIV 布局；
2. 理解 DIV 盒子模型，重点掌握 border、padding、margin 三个属性；
3. 了解元素定位的含义，重点掌握 float 定位、position 定位；
4. 认识 CSS 设置文字、图片、背景、超链接、表单等网页元素的方法，了解这些元素的主要的属性，并能够使用这些属性值设置网页中的元素；
5. 能使用 DIV 布局网页；
6. 理解有序列表、定义列表及无序列表含义，并能灵活使用；
7. 在老师的指导下能阅读简单的产品需求说明书，按要求制作出互联网上的网页，了解互联网上网页的大小及制作的标准；
8. 能使用不同的浏览器测试网页并能解决浏览器兼容问题；
9. 在制作过程中出现问题时，能与相关人员进行沟通，获取解决问题的方法和措施；
10. 能在工作过程保持工作场地、设备设施及工具的清洁、整齐，符合"6S"工作要求及企业的相关规定。

☐ 建议课时

80 学时

☐ 工作情境描述

某公司要做一个音乐网站，在这个音乐网站上，用户可以搜索音乐，注册成为该网站的会员，倾听音乐和下载音乐，也可以点歌。此外，在这个音乐网上,浏览者能看到新歌排行、最新的专辑,管理人员可以修改出现的一些问题,如管理注册用用户和版面。

学习活动一 接受任务,储备知识

学习目标:

1. 理解 CSS 定位与 DIV 布局;

2. 理解 DIV 盒子模型,重点掌握 border、padding、margin 三个属性;

3. 了解元素定位的含义,重点掌握 float 定位、position 定位;

4. 认识 CSS 设置文字、图片、背景、超链接、表单等网页元素的方法,了解这些元素主要属性,并能够使用这些属性值设置网页中的元素。

建议学时: 40 课时

学习地点: 一体化学习工作站

一、学习准备

1. 学习工具:电脑、投影仪。

2. 学习资料:互联网上的资源;《DIV + CSS 网页布局案例精粹》、《精通 CSS + DIV 网页样式与布局》等参考教材;网页制作方面的课件。

3. 分成学习小组。

二、学习过程

引导问题

1. <div> 标记有什么作用?

2. <span> 标记有什么作用?

3. <div>与<span>标记有什么区别

小贴士

<div>（division），简单而言，是一个区块容器标记，即<div>与</div>之间相当于一个容器，可以容纳段落、标题、表格、图片乃至章节、摘要和备注等各种HTML元素。因此，可以把<div>与</div>的内容视为一个独立的对象，用于控制CSS的控制。声明时，只需要对<div>进行相应的控制，其中的各标记元素都会因此而改变。

<span>标记与<div>标记一样，作为容器标记而被广泛应用在HTML语言中。在<span>与</span>中间同样可以容纳各种HTML元素，从而形成独立的对象。如果把<div>替换成<span>，样式表中把"div"替换成"span"，执行后也会发现效果完全一样。可以说，<div>与<span>这两个标记起到的作用都是独立出各个区块，在这个意义上二者没有太多的不同。

<div>与<span>的区别在于，<div>是一个块级（block-level）元素，它包围的元素会自动换行。而<span>仅仅是一个行内元素（inline elements），在它的前后不会换行。<span>没有结构上的意义，纯粹是应用样式，当其他行内元素都不合适时，就可以使用<span>元素。

此外，<span>标记可以包含于<div>标记之中，成为它的子元素，而反过来则不成立，即<span>标记不能包含<div>标记。

4. 观察下面的两个网页并用代码实现该网页效果图。

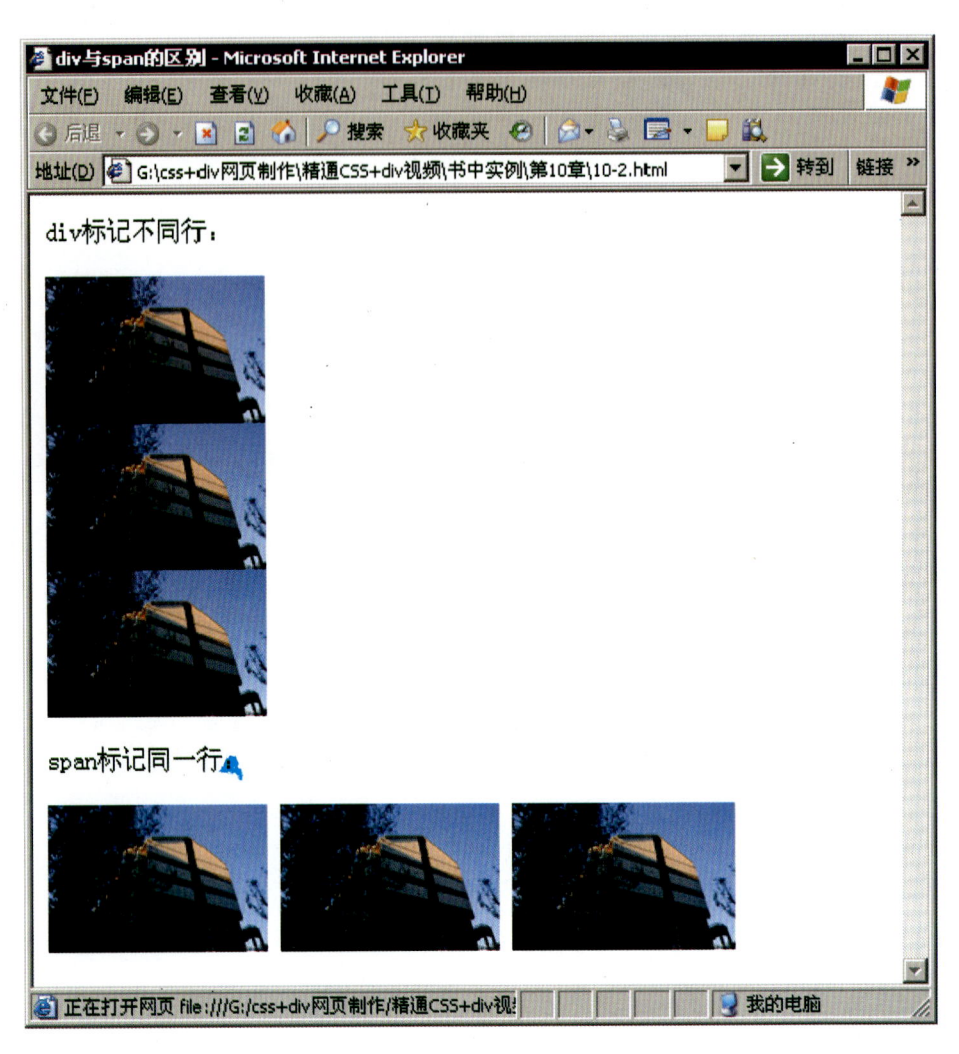

由以上例子可知，div 标记的 3 幅图片被分在了 3（　　　）中，而 <span> 标记的图片没有（　　　）。

小贴士

【例1】

```
<html>
<head>
<title>div 标记范例 </title>
<style type = "text/css">
<!--
```

```
div{
    font-size:18px;                    /*字号大小*/
    font-weight:bold;                  /*字体粗细*/
    font-family:Arial;                 /*字体*/
    color:#FF0000;                     /*颜色*/
    background-color:#FFFF00;          /*背景颜色*/
    text-align:center;                 /*对齐方式*/
    width:300px;                       /*块宽度*/
    height:100px;                      /*块高度*/
}
-->
</style>
    </head>
<body>
    <div>
    这是一个div标记
    </div>
</body>
</html>
```

【例2】

```
<html>
<head>
<title>div与span的区别</title>
    </head>
<body>
    <p>div标记不同行:</p>
    <div> <img src="building.jpg" border="0"> </div>
    <div> <img src="building.jpg" border="0"> </div>
    <div> <img src="building.jpg" border="0"> </div>
    <p>span标记同一行:</p>
    <span> <img src="building.jpg" border="0">
    </span>
```

```
        <span> < img src = "building.jpg" border = "0">
        </span>
        <span> < img src = "building.jpg" border = "0">
        </span>
</body>
</html>
```

5. 观察下面的盒子模型，根据老师的讲解填写括号中的内容。

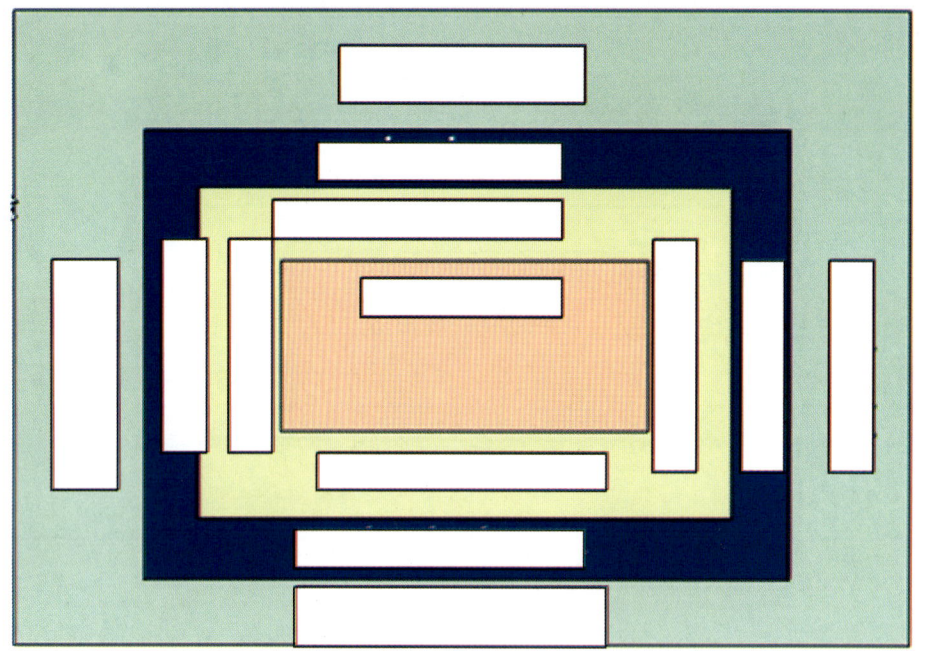

　　一个盒子模型由（　　　　　　　　）内容、（　　　　　　　　　）边框、（　　　　　）间隙和（　　　　　　　）间隙这4个部分组成。

　　一个盒子的实际宽度（或高度）是由（　　　　　　　　　　　）组成。在 CSS 中可以通过设定（　　　　　　）和（　　　　　　）的值来控制（　　　　　　）的大小，并且对于任何一个盒子，都可以分别设定4条边各自的（　　　　　　）、（　　　　　　）和（　　　　　　　）。因此，只要利用好盒子的这些属性，就能够实现各种各样的排版效果。

　　Border 的属性主要有3个，分别是（　　　　　　）颜色、（　　　　　）粗细和（　　　　　　）样式。

属性	含义	属性值
width		
style		

6. 利用 border 的属性制作出下图所示网页效果。

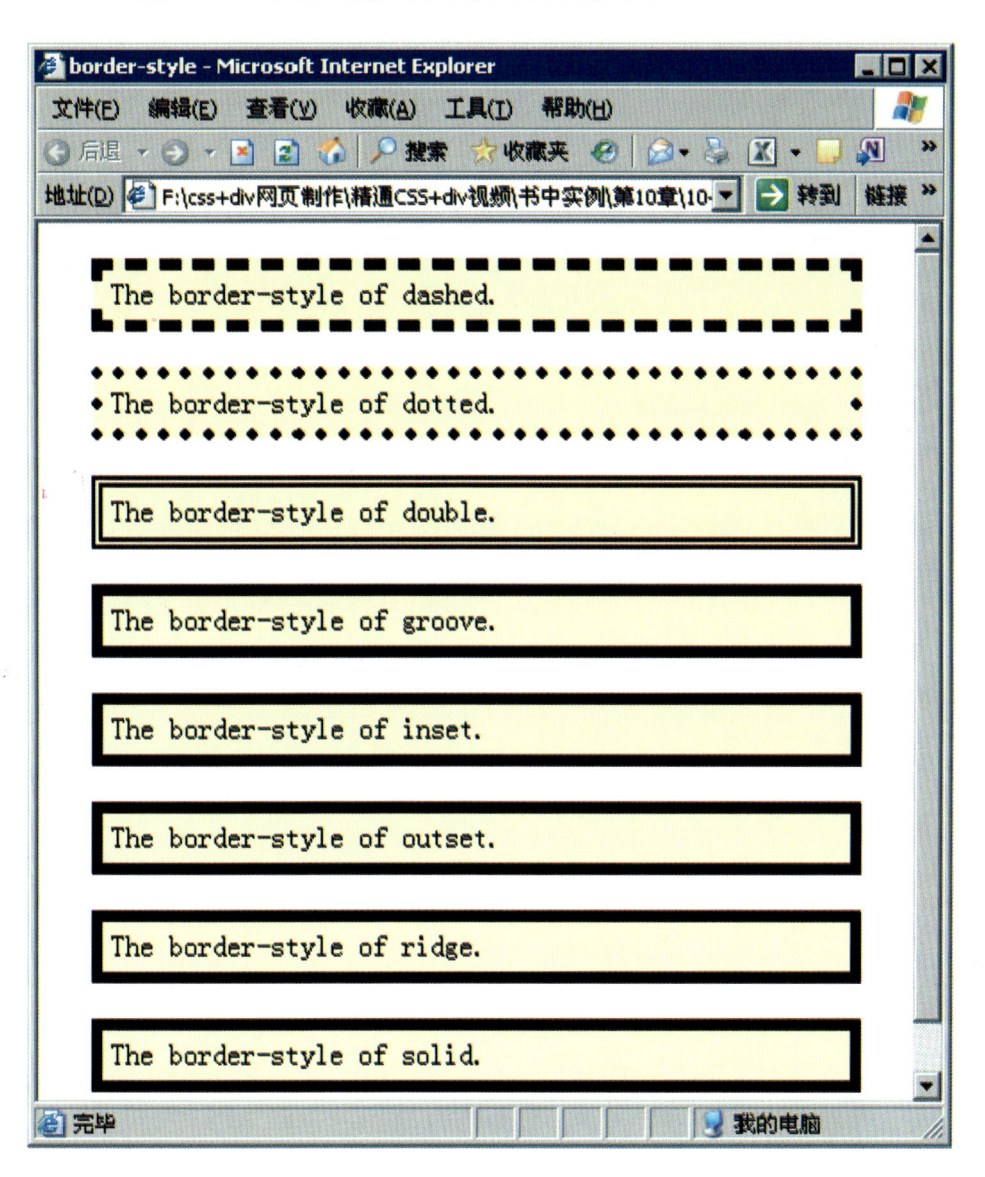

小贴士

【例3】

```html
<html>
<head>
<title>border-style</title>
<style type="text/css">
<!--
div{
    border-width:6px;
    border-color:#000000;
    margin:20px; padding:5px;
    background-color:#FFFFCC;
}
-->
</style>
</head>

<body>
    <div style="border-style: dashed">The border-style of dashed.</div>
    <div style="border-style: dotted">The border-style of dotted.</div>
    <div style="border-style: double">The border-style of double.</div>
    <div style="border-style: groove">The border-style of groove.</div>
    <div style="border-style:inset">The border-style of inset.</div>
    <div style="border-style: outset">The border-style of outset.</div>
    <div style="border-style:ridge">The border-style of ridge.</div>
```

```
    <div style="border-style:solid">The border-style
of solid.</div>
</body>
</html>
```

小贴士

7. padding 指的是控制（　　　　）与（　　　　）之间的距离。观察下面网页并制作出该效果图。

小贴士

【例4】

```
<html>
<head>
<title>padding</title>
<style type="text/css">
<!--
.outside{
    padding:10px 30px 50px 100px;      /*同时设置,顺时针*/
    border:1px solid #000000;          /*外边框*/
    background-color:#fffcd3;          /*外背景*/
```

```
}
.inside{
    background-color:#66b2ff;        /*内背景*/
    border:1px solid #005dbc;        /*内边框*/
    width:100% ; line-height:40px;
    text-align:center;
    font-family:Arial;
}
-->
</style>
    </head>
<body>
<div class="outside">
    <div class="inside">padding</div>
</div>
</body>
</html>
```

8. 观察下面的例子并用代码实现该效果。

由以上结果可以看到，两个块之间的距离为（　　　　　　）+ （　　　　　　）=（　　　　　　）。

小贴士

margin 指的是元素与元素之间的距离，用于控制块与块之间的距离。倘若将盒子模型比作展览馆里展出的一幅幅画，那么 content 就是画面本身，padding 就是画面与画框之间的留白，border 就是画框，而 margin 就是画与画之间的距离。

【例5】

```html
<html>
<head>
<title>两个行内元素的margin</title>
<style type="text/css">
<!--
span{
    background-color:#a2d2ff;
    text-align:center;
    font-family:Arial, Helvetica, sans-serif;
    font-size:12px;
    padding:10px;
}
span.left{
    margin-right:30px;
    background-color:#a9d6ff;
}
span.right{
    margin-left:40px;
    background-color:#eeb0b0;
}
-->
</style>
</head>
<body>
    <span class="left">行内元素1</span><span class="right">行内元素2</span>
</body>
</html>
```

9. 观察下面的网页并使用 div 制作出该效果。

该例中，倘若修改块元素 2 的 margin-top 为 40 px，会发现执行的结果没有任何变化。再若修改其值为 60 px，会发现块元素 2 向下移动了(　　　)个元素。

小贴士

Margin-top 和 margin-bottom 的这个特点在实际制作网页时要特别注意，这个特点就是两个块级元素之间的距离不再是 margin-bottom 与 margin-top 的和，而是两者中的较大者。

【例6】

```
<html>
<head>
<title>两个块级元素的 margin </title>
<style type="text/css">
<!--
div{
    background-color:#a2d2ff;
    text-align:center;
    font-family:Arial, Helvetica, sans-serif;
    font-size:12px;
```

```
    padding:10px;
}
-->
</style>
  </head>
<body>
    <div style ="margin-bottom:50px;">块元素1 </div>
    <div style ="margin-top:30px;">块元素2 </div>
</body>
</html>
```

10. 当一个<div>块包含在另一个<div>块中间时，便形成了典型的父子关系，其中块的 margin 将以父块的 content 为参观。观察下面的网页并用代码实现该效果。

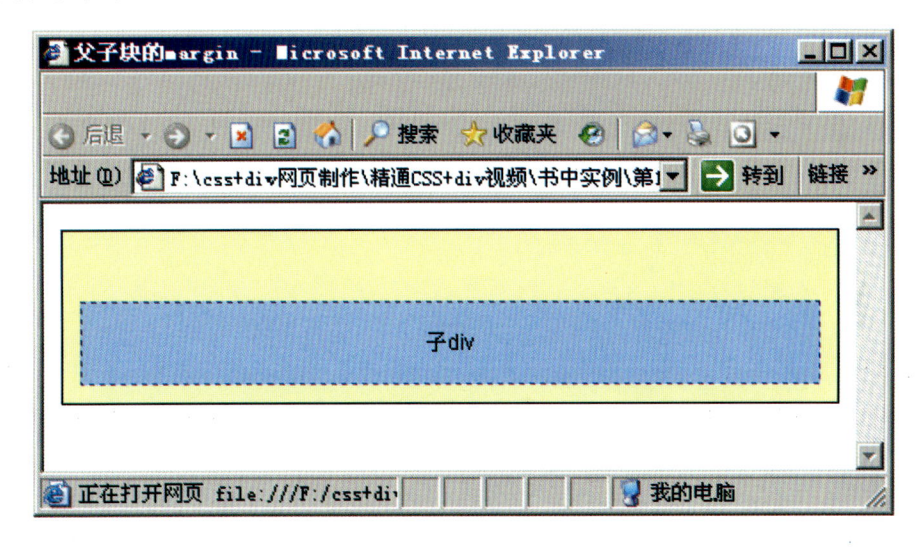

通过上面的例子可以看到，子 div 距离父 div 上边为（　　　　），其余3边都是 padding 的（　　　　）。

小贴士

IE 与 Firefox 在 margin 的细节处理上又有区别。倘若设定了父元素的高度 height 的值，如果此时子元素的高度超过了该 height 值，二者的显示结果就完全不同。在设定的父 div 的高度值小于子块的高度上加上 margin 的值，此时 IE 浏览器会自动扩大，保持子元素的 margin-bottom 空间以及父元素自身的

padding-bottom。而 firefox 就不会，它会保证父元素的 height 高度完吻合，而这时子元素将超过父元素的范围。

【例7】

```html
<html>
<head>
<title>父子块的 margin </title>
<style type="text/css">
<!--
div.father{                    /*父 div*/
    background-color:#fffebb;
    text-align:center;
    font-family:Arial, Helvetica, sans-serif;
    font-size:12px;
    padding:10px;
    border:1px solid #000000;
}
div.son{                       /*子 div*/
    background-color:#a2d2ff;
    margin-top:30px;
    margin-bottom:0px;
    padding:15px;
    border:1px dashed #004993;
}
-->
</style>
</head>
<body>
    <div class="father">
        <div class="son">子 div </div>
    </div>
</body>
```

11. 输入下面的代码并回答问题。

【例8】

```html
<html>
<head>
<title>float 属性</title>
<style type="text/css">
<!--
body{
    margin:15px;
    font-family:Arial;
    font-size:12px;
}
.father{
    background-color:#fffea6;
    border:1px solid #111111;
    padding:25px;          /*父块的padding*/
}
.son1{
    padding:10px;          /*子块son1的padding*/
    margin:5px;            /*子块son1的margin*/
    background-color:#70baff;
    border:1px dashed #111111;
    float:left;            /*块son1左浮动*/
}
.son2{
    padding:5px;
    margin:0px;
    background-color:#ffd270;
    border:1px dashed #111111;
}
-->
</style>
    </head>
<body>
    <div class="father">
```

```
        <div class = "son1">float1 </div>
        <div class = "son2">float2 </div>
    </div>
</body>
</html>
```

上例中定义了（　　　）个<div>块，其中一个是（　　　　），另外两个是它的子块。块 son1 的 margin 值为（　　　　），而块 son2 的 margin 值为（　　　　）。

当没有设置 son1 向左浮时，页面效果如下：（请画出页面效果图）

当设置 son1 向左浮时，页面效果如下：（请画出页面效果图）

由上面的效果图我们得知：首先结合盒子模型单独分析块 son1，在设置 float 为 left 之前，它的宽度撑满了整个父块，空隙仅为父块的 padding 和它自己的 margin。而设置了 float 为 left 后，块 son1 的宽度仅为它的内容本身加上自己的 padding。

块 son1 浮动到最左端的位置是父块的 padding – left 加上自己的 margin – left，而不是父块的边界 border，这里盒子模型的概念体现得很自然。

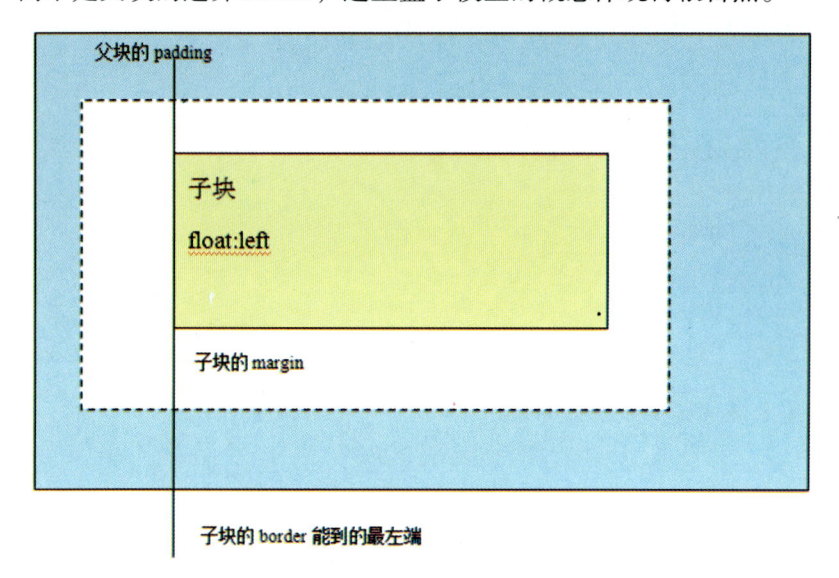

12. 填写下面的表格：

属性	描述	可用值	注释
float			

13. 输入以下代码并回答问题。

【例 9】

```
#box {
    width:650px;
}
#left{
background-color:#fff;
height:150px;
width:150px;
margin:10px;
}
#main {
background-color:#fff;
height:150px;
```

```
width:150px;
margin:10px;
}
#right{
background-color:#fff;
height:150px;
width:150px;
margin:10px;
}
```

①画出该代码实现的效果图。

②当把 left 向右浮动时，它将脱离文档流并且向右移动，直到其边缘碰到包含框 box 的右边框为止。left 向右浮动的代码如下：

left 向右浮动的效果图为：

③当把 left 框向左浮动时，它将脱离文档流并且向左移动，直到其边缘碰到包含 box 左边框为止。因为不再处于文档流中，所以它占据空间，实际上覆盖住了 main 框，使 main 框从左视图中消失。left 向左浮动的 CSS 代码如下：

left 框向左浮动的效果图如下：

④当把 3 个框都向左浮动时，left 框将向左浮动直到碰到包含框 box 左边缘为止，另两个框向左浮动直到碰到前一个浮动框为止。3 个框都向左浮动的代码如下：

3 个框都向左浮动的效果图为：

⑤如果包含框太窄，无法容纳水平排列的 3 个浮动元素，那么其他浮动块将向下移动，直到有足够的空间。例如：

【例10】

```
#box {
 width:400px;
  }
#left{
 background-color:#fff;
 height:150px;
 width:150px;
 margin:10px;
 float:left;
}
#main {
 background-color:#fff;
 height:150px;
 width:150px;
 margin:10px;
 float:left;
}
#right{
 background-color:#fff;
 height:150px;
 width:150px;
 margin:10px;
 float:left;
}
```

请画出该例子的效果图：

⑥如果浮动元素的高度不同，那么当它们向下移动时可能会被其他浮动

元素卡住，例如：

【例 11】

```
#box {
    width:400px;
}
#left{
background-color:#fff;
height:200px;
width:150px;
margin:10px;
float:left;
}
#main {
background-color:#fff;
height:150px;
width:150px;
margin:10px;
float:left;
}
#right{
background-color:#fff;
height:150px;
width:150px;
margin:10px;
float:left;
}
```

请画出该例子的效果图：

14. 填写下面表格：

属性	描述	可用值	注释
position	用于设置对象的定位方式		静态（默认），无特殊定位
			相对，对象不可层叠，但将依据 left、right、top、bottom 等属性在正常文档流中偏移位置
			绝对，将对象从文档流中拖出，通过 width、height、right、top 和 bottom 等属性与 margin、padding、border 进行绝对定位，绝对定位的元素可以有边界，但这些边界不压缩，而是其层叠通过 z-index 属性来定义
			悬浮，使元素固定在屏幕的某个位置，其包含块是可视区域本身，因此它随滚动条的滚动而滚动
			该值从上级元素继承得到

position 从字面意思上看就是指定块的位置，即块相对于其父块的位置和相对于它自身应该在的位置。position 属性一共有 4 个值，分别为（　　　　　）、（　　　　　）、（　　　　　）和（　　　　　）。

15. 输入下面的代码并回答问题。

【例12】

```
<html>
<head>
<title>position 属性</title>
<style type="text/css">
<!--
body{
    margin:10px;
    font-family:Arial;
    font-size:13px;
}
#father{
    background-color:#a0c8ff;
    border:1px dashed #000000;
    width:100%;
    height:100%;
```

```
}
#block{
    background-color:#fff0ac;
    border:1px dashed #000000;
    padding:10px;
    position:absolute;      /*absolute 绝对定位*/
    left:20px;              /*块的左边框离页面左边界20 px*/
    top:40px;               /*块的上边框离页面上边界40 px*/
}
-->
</style>
    </head>
<body>
    <div id="father">
        <div id="block">absolute</div>
    </div>
</body>
</html>
```

在上面例子中对页面上唯一的块＜div＞进行了绝对定位，可以看到块的位置发生了改变，不再与其父块有关，当将子块的position属性值为absolute时，子块已经不再从属于父块，其左边框相对页面＜body＞左边的距离为（　　　　），这个距离已经不是相对父块的左边框的距离了。子块的上边框相对页面＜body＞上边的距离为（　　　　），这个距离也不是相对于父块的上边的距离了。

小贴士

top、right、bottom和left这4个CSS属性，它们都是配合position属性使用的，表示的是块的各个边界离页面边框（当position设置为absolute时）的距离，或各个边界离原来位置（position设置为relative）的距离。只有当position属性设置为absolute或者relative时才能生效，如果将上例中的position设置为static，则子块不会有任何变化。

16. 输入下面的代码并回答问题。

【例13】

```html
<html>
<head>
<title>position 属性</title>
<style type="text/css">
<!--
body{
 margin:10px;
 font-family:Arial;
 font-size:13px;
}
#father{
 background-color:#a0c8ff;
 border:1px dashed #000000;
 width:100%;
 height:100%;
 padding:5px;
}
#block1{
 background-color:#fff0ac;
 border:1px dashed #000000;
 padding:10px;
 position:absolute;          /*absolute 绝对定位*/
 left:30px;
 top:35px;
}
#block2{
 background-color:#ffbd76;
 border:1px dashed #000000;
 padding:10px;
}
-->
</style>
  </head>
```

```
<body>
 <div id = "father">
    <div id = "block1">absolute</div>
    <div id = "block2">block2</div>
 </div>
</body>
</html>
```

画出该例子的效果图：

在上例中，将子块 1 的 position 属性值设置为（　　　　　　），并且调整了它的位置，此时子块 2 便移动到了父块的最上端，即前面提到的，子块 1 此时已经不再属于父块#father，因为将其 position 值设置成了（　　　　　　），因此子块 2 成为父块中的第 1 个子块，移动到了父块的最上方。

如果将两个子块的 position 属性同时设置为 absolute，这时两个子块都将不再属于其父块，都相对于页面定位。

17. 输入下面的代码并回答问题。

【例 14】

```
<html>
<head>
<title>position 属性</title>
<style type = "text/css">
<!--
body{
margin:10px;
font-family:Arial;
font-size:13px;
```

```
}
#father{
 background-color:#a0c8ff;
 border:1px dashed #000000;
 width:100%;
 height:100%;
 padding:5px;
}
#block1{
 background-color:#fff0ac;
 border:1px dashed #000000;
 padding:10px;
 position:absolute;           /*absolute 绝对定位*/
 left:30px;
 top:35px;
}
#block2{
 background-color:#ffbd76;
 border:1px dashed #000000;
 padding:10px;
 position:absolute;           /*absolute 绝对定位*/
 left:50px;
 top:60px;
}
-->
</style>
   </head>
<body>
 <div id="father">
    <div id="block1">block1</div>
    <div id="block2">block2</div>
 </div>
</body>
</html>
```

画出该例子的效果图：

当两个子块的 position 属性都设置为（　　　　）时，它们都按照各自的属性进行了定位，都不再属于其父块。两个子块重叠的部分，块 2 位于块 1 的上方。

小贴士

之所以块 2 位于块 1 上方，是因为 CSS 默认后加入到页面中的元素会覆盖之前的元素，在页面中一层层往上写。

18. 输入下面的代码并回答问题。

【例 15】

```
<html>
<head>
<title>position 属性</title>
<style type="text/css">
<!--
body{
 margin:10px;
 font-family:Arial;
 font-size:13px;
}
#father{
 background-color:#a0c8ff;
 border:1px dashed #000000;
 width:100%; height:100%;
 padding:5px;
}
#block1{
```

```
background-color:#fff0ac;
border:1px dashed #000000;
padding:10px;
position:relative;          /*relative 相对定位*/
left:15px;         /*子块的左边框距离它原来的位置 15 px*/
top:10%;
}
-->
</style>
   </head>
<body>
 <div id="father">
    <div id="block1">relative</div>
 </div>
</body>
</html>
```

画出该例的效果图：

在上例中，设置了子块的 position 属性为（　　　　　　　　　），可以看到子块的左边框相对于其父块的左边框（它原来所在的位置）距离为（　　　　　　），上边框也是一样的道理，为（　　　　　　　　）。

此时子块的宽度依然是未移动前的宽度，撑满未移动前父块的内容。只是由于向右移动了，因此右边框超出了父块。如果希望子块的宽度仅仅为其内容加上自己的 padding 值，可以将它的 float 属性设置为 left，或者指定其宽度 width。

19. 输入下面的代码并回答问题。

【例 16】

```
<html>
<head>
<title>position 属性</title>
<style type="text/css">
<!--
body{
 margin:10px;
 font-family:Arial;
 font-size:13px;
}
#father{
 background-color:#a0c8ff;
 border:1px dashed #000000;
 width:100% ; height:100%;
 padding:5px;
}
#block1{
 background-color:#fff0ac;
 border:1px dashed #000000;
 padding:10px;
 position:relative;          /*relative 相对定位*/
 left:15px;            /*子块的左边框距离它原来的位置 15 px*/
 top:10%;
}
#block2{
 background-color:#ffc24c;
 border:1px dashed #000000;
 padding:10px;
}
-->
</style>
 </head>
<body>
```

```
<div id="father">
    <div id="block1">relative</div>
    <div id="block2">block2 </div>
</div>
</body>
</html>
```

画出两个子块都没有设置 position 属性时的效果图：

画出仅设置了子块 1 的 position 属性为 relative 的效果图：

从显示结果可以看出，当将子块的 position 属性设置成了 relative 时，子块 1 仍然属于其父块，所以子块 2 还在原来的位置上，并没有像之前例子中那样移动到父块顶端。

20. 使用定义列表完成下面网页效果图的制作。

快来参加者 2010 年斑马奔腾 NBA 挑战赛！	10.3.11
公司入选"中华慈善奖"特此声明！	10.3.11
今天你会关灯一小时吗？	10.3.11
质检大楼启用,空气净化器顺利下线	10.3.11
万户业主集体关灯响应"幸福蓝光低碳行"	10.3.11

小贴士

```html
<body>
<div id="box">
<dl>
<dt>快来参加者2010年斑马奔腾少年NBA挑战赛！</dt> <dd>10.3.11 </dd>
<dt>公司入选"中华慈善奖"特此声明！</dt> <dd>10.3.11 </dd>
<dt>今天你会关灯一小时吗？</dt> <dd>10.3.11 </dd>
<dt>质检大楼启用,空气净化器顺利下线</dt> <dd>10.3.11 </dd>
<dt>万户业主集体关灯响应"幸福蓝光低碳行"</dt> <dd>10.4.11 </dd>
</dl>
...
```

```css
* {
    font-size:12px;
    color:#39F
}

#box dt{
width:250px;
height:20px;
float:left;
margin-top:5px;
margin-left:10px;
border-bottom:    #CCCCCC dashed 1px;
}
#box dd
{
width:70px;
height:20px;
float:left;
margin-top:5px;
text-align:center;
border-bottom:    #CCCCCC dashed 1px;
}
```

三、评价反馈

学习活动考核评价表

学习活动名称：<u>制作音乐网站——接受任务，储备知识</u>

班级：		学号：	姓名：		指导教师：			
评价项目	评价标准	评价依据（信息、佐证）	评价方式			权重	得分小计	总分
			自我评价	小组评价	教师（企业）评价			
			10%	20%	70%			
关键能力	1. 计算机的正确使用； 2. 能参与小组讨论，相互交流； 3. 积极主动、勤学好问； 4. 能清晰、准确表达。	1. 课堂表现； 2. 工作页填写。					50%	
专业能力	1. 理解 CSS 定位与 DIV 布局； 2. 掌握 border、padding、margin 三个属性； 3. 掌握 float 定位、position 定位； 4. 工作页的完成情况； 5. 识读简单网页代码。	1. 课堂表现； 2. 工作页填写。					50%	
指导教师综合评价								

指导教师签名： 　　　　　　　　　　　　　　　　日期：

■ 学习活动二　工作准备

> **学习目标：**
> 1. 在老师的指导下能阅读简单的产品需求说明书，按要求制作出互联网上的网页；
> 2. 按要求使用图像处理软件设计网页；
> 3. 理解有序列表、定义列表及无序列表的含义。
>
> **建议学时：** 10 课时
> **学习地点：** 一体化学习工作站

一、学习准备

1. 学习工具：电脑、投影仪。
2. 学习资料：互联网上的资源；《DIV + CSS 网页布局案例精粹》、《精通 CSS + DIV 网页样式与布局》等参考教材；网页制作方面的课件。
3. 分成学习小组。

二、学习过程

请同学们认真阅读以下说明书并按要求使用图形图像处理软件设计出该网页。

裤裤音乐网需求说明书

logo

排行榜：华语歌曲　华语金曲榜　日韩　港台

搜索

登录

新歌排行

最新专辑

裤裤点歌台

热门歌曲　　　　　　　　　　　more

关于站点｜联系本站｜错误报告｜帮助信息｜收藏本站｜设为首页｜推荐你 30 首听
copyright(c)2003-2010 neowiz bugs corpiration ALL rights reserved.
京 ICP 备 050080 号｜快网为本站提供 CDN 加速服务｜精准投放支持

SRS 1.0 网站 logo

用例编号	SRS 1.0	用例名称	网站 logo
功能说明	logo↵ 【logo】：设计网站 logo，网站名为裤裤音乐网，尺寸大小最好是153×52； 设计的网站 logo 要与网站风格相配。		

SRS 2.0 音乐排行

用例编号	SRS 2.0	用例名称	音乐排行
功能说明	新歌排行↵ 1.【新歌排行】：设计尺寸最好是130×199，后期可根据后面文字进行高度设计； 2.【排行的歌曲】：排行歌曲字符10行，用定义列表来实现，有点画线。		

SRS 3.0 裤裤点歌台

用例编号	SRS3.0	用例名称	裤裤点歌台
功能说明	裤裤点歌台↵ 1.【裤裤点歌台】：设计尺寸最好是135×95，后期可根据后面文字进行高度设计； 2.【点歌内容】：歌曲名字符4行，用无序列表来实现。		

SRS4.0 最新专辑

用例编号	SRS3.0	用例名称	最新专辑
功能说明	\[活动缩略图\]区域示意图			
	1.【活动缩略图】：设计尺寸最好是 623×263，后期可根据后面文字进行高度设计； 2.【专业内容】：图片、文字相结合的形式，2 行图片，每行 6 个小图片，每张图片要有歌曲名及演唱者的文字说明。			

SRS5.0 热门歌曲

用例编号	SRS5.0	用例名称	热门歌曲
功能说明	热门歌曲区域示意图			
	1.【热门歌曲】：设计尺寸最好是 655×330，后期可根据后面文字进行高度设计； 2.【热门歌曲内容】：歌曲要 12 行，用定义列表来实现，每行包含歌曲名、专辑、作者等字符，要有试听、下载、加入列表、播放等图标。			

网页其余部分可按个人喜爱进行设计。

三、作品展示

同学们分成小组,将设计好的作品展示出来。

四、评价反馈

学习活动考核评价表

学习活动名称:<u>制作音乐网站——工作准备</u>

班级:		学号:	姓名:		指导教师:			
评价项目	评价标准		评价依据(信息、佐证)	评价方式			权重	得分小计	总分
				自我评价	小组评价	教师(企业)评价			
				10%	20%	70%			
关键能力	1. 正确操作计算机; 2. 能参与小组讨论,相互交流; 3. 积极主动、勤学好问; 4. 能清晰、准确表达。		1. 课堂表现; 2. 工作页填写。				50%		
专业能力	1. 阅读产品说明书; 2. 根据产品说明书设计网页最终效果; 3. 理解有序列表、定义列表及无序列表含义。		1. 课堂表现; 2. 工作页填写; 3. 网页设计效果。				50%		
指导教师综合评价	指导教师签名:						日期:		

■ 学习活动三　制作裤裤音乐网首页

学习目标：
1. 能使用 DIV 布局网页；
2. 使用列表样式控制网页中的列表元素；
3. 理解有序列表、定义列表及无序列表含义，并能灵活使用；
4. 能使用不同的浏览器测试网页并能解决浏览器兼容问题。

建议学时： 10 课时
学习地点： 一体化教室

一、学习准备

1. 学习工具：电脑、投影仪。
2. 学习资料：互联网上的资源；《DIV + CSS 网页布局案例精粹》、《精通 CSS + DIV 网页样式与布局》等参考教材；网页制作方面的课件。
3. 分成学习小组。

二、学习过程

根据老师的讲解完成下面的操作。

1. 页眉区的制作

小贴士

```css
#box {
    width:964px;
    height:950px;
    margin:auto;
}
#top {
```

```css
    width:964px;height:60px;
    padding-top:20px;
    background-image:url(../images/7301.png);
    background-repeat:no-repeat;
    background-position:0px center;
}
#top01 {
    width:638px;
    height:52px;
    float:left;
    margin-left:94px;
}
#top02 {
    width:210px;
    height:23px;
    margin:20px 0px 0px 22px;
    float:left;
}

#Search {
    width:165px;
    height:21px;
    line-height:21px;
    border-top:#8c8c8c solid 1px;
    border-left:#8c8c8c solid 1px;
    border-bottom:#d3d3d3 solid 1px;
    border-right:#d3d3d3 solid 1px;
    background-color:#f7f7f7;
    float:left;
}
#button {float:right;}
```

2. 会员登录区

小贴士

```css
#top2 {
    width:951px;
    height:26px;
    background-image:url(../images/7303.gif);
    background-repeat:no-repeat;
    padding:6px 0px 0px 13px;
    color:#CCC;
    font-size:12px;
    line-height:20px;
}
#name,#pass {
    width:113px;
    height:18px;
    float:left;
    border:#38332e solid 1px;
    margin-left:5px;
}
#login {
    float:left;
    margin-left:5px;
    margin-right:12px;
}
#top2 span {
    margin-left:15px;
}
#check {
    vertical-align:middle;
}
```

3. 新歌排行区的制作

小贴士

```
#main {
    width:964px;
    height:745px;
    margin-top:10px;
}
#main-left {
    width:150px;
    height:636px;
    float:left;
}
#main-left01 {
    width:130px;
    height:199px;
    background-image:url(../images/7305.jpg);
    background-repeat:no-repeat;
    padding:50px 0px 0px 20px;
}
#main-left01 dt {
    width:100px;
    height:20px;
```

```
    line-height:18px;
    float:left;
    border-bottom:#CCC dashed 1px;
}
#main-left01 dd {
    width:15px;
    height:16px;
    float:left;
    border-bottom:#CCC dashed 1px;
    padding-top:4px;
}
<div id="main">
  <div id="main-left">
    <div id="main-left01">
      <dl>
        <dt class="font01">烟火</dt><dd><img src="images/icon.gif" width="10" height="11"/></dd>
        <dt>二人同行</dt><dd><img src="images/icon(1).gif" width="10" height="11"/></dd>
        <dt>男人de泪</dt><dd><img src="images/icon(1).gif" width="10" height="11"/></dd>
        <dt>爱上你</dt><dd><img src="images/icon(1).gif" width="10" height="11"/></dd>
        <dt>带我离开</dt><dd><img src="images/icon(1).gif" width="10" height="11"/></dd>
        <dt>带着爱</dt><dd><img src="images/icon(1).gif" width="10" height="11"/></dd>
        <dt>爱就对了</dt><dd><img src="images/icon(1).gif" width="10" height="11"/></dd>
        <dt>原来你也在这</dt><dd><img src="images/icon(1).gif" width="10" height="11"/></dd>
        <dt>你是你的</dt><dd><img src="images/icon(1).gif" width="10" height="11"/></dd>
      </dl>
    </div>
```

4. 裤裤点歌

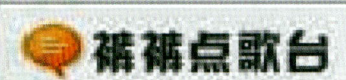

```
<div id="main-left02">
  <ul>
    <li>温柔抒情歌曲</li>
    <li>浪漫爱情歌曲</li>
    <li>摇滚嘻哈歌曲</li>
    <li>DJ 舞曲</li>
  </ul>
</div>
```

```
# main-left02  { width: 135px;
    height: 95px; margin-top:
    4px;background-image:url
    (../images/7306.jpg);
    background-repeat: no-
    repeat; padding: 32px
    0px 0px 15px;
}
#main-left02 li {width:105px;
    line-height:16px;
    margin:5px 0px 0px 12px;
}
```

5. 最新专辑

小贴士

```
#main-main {
    width:655px;
    height:685px;
    margin-left:10px;
    background-image:url(../images/7307.jpg);
    background-repeat:no-repeat;
    float:left;
}#main-main01 {
    width:623px;
    height:263px;
    padding:50px 0px 0px 32px;
    background-image:url(../images/7307.jpg);
    background-repeat:no-repeat;
}#tw01,#tw02,#tw03,#tw04,#tw05,#tw06,#tw07,#tw08,#tw09,#tw10,#tw11,#tw12 {
    width:82px;
    height:110px;
    float:left;
    margin:0px 20px 20px 0px;
    text-align:center;
```

```
        line-height:18px;
}
#tw01 img,#tw02 img,#tw03 img,#tw04 img,#tw05 img,
    #tw06 img,#tw07 img,#tw08 img,#tw09 img,#tw10 img,
    #tw11 img,#tw12 img {
        border:#e4e4e4 solid 2px;
}
```

6. 热门歌曲制作

小贴士

```
#main-main02 {
    width:655px;
    height:330px;
    margin-top:12px;
    padding-top:30px;
    background-image:url(../images/7320.gif);
    background-repeat:no-repeat;
}
#main-main02 dt {
    width:18px;
```

```
    height:18px;
    float:left;
    padding-top:3px;
    margin:4px 0px 0px 5px;
    border-bottom:#CCC dashed 1px;
}
#main-main02 dd {
    width:156px;
    height:21px;
    line-height:18px;
    float:left;
    border-bottom:#CCC dashed 1px;
    margin-top:4px;
}
#main-main02 dd img {
    margin:0px 5px 0px 5px;
}
```

7. 经典老歌回放区制作

小贴士

```
#main-right {
    width:140px;
    height:685px;
    margin-left:9px;
    float:left;
}#main-right img{
margin-bottom:5px;
}
```

8. 友情链接区

小贴士

```
#ad {width:960px;
    height:60px;
    margin-left:2px;
    float:left;
}
```

9. 页脚区制作

关于站点 ｜ 联系本站 ｜ 错误报告 ｜ 帮助信息 ｜ 收藏本站 ｜ 设为首页 ｜ 推荐你30首听
copyright(c)2003-2010 neowiz bugs corpiration. ALL rights reserved.
京ICP备050080号 ｜ 快网为本站提供CDN加速服务 ｜ 精准投放支持

小贴士

```
#bottom {
    width:964px;
    height:73px;
```

```
    text-align:center;
    line-height:20px;
    padding-top:10px;
}
#bottom span {
    margin:0px 3px 0px 3px;
}
```

裤裤音乐网最终效果图如下：

三、作品展示

同学们分成小组，将制作好的作品展示出来。

四、评价反馈

学习活动考核评价表

学习活动名称：<u>制作音乐网站——制作裤裤音乐网首页</u>

班级：		学号：	姓名：	指导教师：				
评价项目	评价标准	评价依据（指信息、佐证）	评价方式			权重	得分小计	总分
			自我评价	小组评价	教师（企业）评价			
			10%	20%	70%			
关键能力	1. 计算机操作的规范性； 2. 能参与小组讨论，相互交流； 3. 积极主动、勤学好问； 4. 能清晰、准确表达。	1. 课堂表现； 2. 工作页填写。				40%		
专业能力	1. 能使用 DIV 布局网页； 2. 使用列表样式控制网页中的列表元素； 3. 能使用不同的浏览器测试网页并能解决浏览器兼容问题； 4. 效果图制作是否和教师讲解的一致。	1. 课堂表现； 2. 工作页填写； 3. 效果图质量。				60%		
指导教师综合评价								
	指导教师签名：					日期：		

学习活动四　制作石化技校商城网站首页

学习目标：
1. 能使用 DIV 布局网页；
2. 使用列表样式控制网页中的列表元素；
3. 能使用不同的浏览器测试网页并能解决浏览器兼容问题。
建议学时： 12 课时
学习地点： 一体化学习工作站

一、学习准备

1. 学习工具：电脑、投影仪。

2. 学习资料：互联网上的资源；《DIV + CSS 网页布局案例精粹》、《精通 CSS + DIV 网页样式与布局》等参考教材；网页制作方面的课件。

3. 分成学习小组。

二、学习过程

1. 分成小组设计出石化技校商城网站首页的效果图。

2. 每个同学根据本组设计出的效果制作出该网站的首页。

思考：如果效果图如下图所示，该如何制作？小组讨论，每个同学根据讨论的结果制作出来。

学习任务二 制作音乐网站

三、作品展示

同学们分成小组，将设计好的作品展示出来。

四、评价反馈

学习活动考核评价表

学习活动名称：制作音乐网站——制作石化技校商城网站首页

班级：		学号：		姓名：		指导教师：			
评价项目	评价标准		评价依据（信息、佐证）	评价方式			权重	得分小计	总分
				自我评价	小组评价	教师（企业）评价			
				10%	20%	70%			
关键能力	1. 计算机操作的正确性； 2. 能参与小组讨论，相互交流； 3. 积极主动、勤学好问； 4. 能清晰、准确表达。		1. 课堂表现； 2. 工作页填写。				50%		
专业能力	1. 能使用 DIV 布局网页； 2. 使用列表样式控制网页中的列表元素； 3. 能使用不同的浏览器测试网页，并能解决浏览器兼容问题； 4. 网页制作是否和教师讲解的一致。		1. 课堂表现； 2. 网页制作的效果； 3. 工作页填写。				50%		
指导教师综合评价									
指导教师签名：								日期：	

■ 学习活动五 制作石化技校商城网站首页总结、成果展示与经验交流

学习目标：
1. 通过对整个工作过程的叙述，培养良好的表达沟通能力；
2. 通过成果展示，关注学生专业能力、社会能力的全面评价；
3. 使学生反思工作过程中存在的不足，为今后工作积累经验。

建议学时： 6 课时
学习地点： 一体化学习工作站

一、学习准备

1. 学习资料：互联网资源、完成的效果、移动黑板、投影仪、彩色卡片。
2. 分成学习小组。

二、学习过程

引导问题

1. 结合互联网资源、工具书等资源对制作石化技校商城首页过程进行分析总结，找出在制作石化技校商城首页过程中存在的问题并填写下表。用张贴版的方式每组派一位同学进行讲述，其他组点评，最后教师点评。

制作石化技校商城网站首页总体评价表

内容名称	做得好的方面	存在问题及分析	解决方法	备注
确定工作任务				
工作准备				
草图规划				
网页制作				
效果图质量				
学生/小组心得体会总结				

2. 通过制作石化技校商城首页，你学到了什么？

3. 如果下次接到相似的任务，写出你在制作过程应该注意哪些事项。